Kakurokirja 2

Mauno Hepola

Kakurokirja 2

120 helpompaa
summaristikkoa

Books on Demand

©2013 Mauno Hepola

ISBN 978-952-286-589-2

1. Painos

Sarjassa aiemmin ilmestynyt
Kakurokirja – 100 summaristikkoa ISBN 978-952-498-592-5.

Valmistaja: Books on Demand GmbH, Norderstedt, Saksa
Kustantaja: Books on Demand GmbH, Helsinki, Suomi

Esipuhe

Ensimmäinen Kakurokirjani oli monelle liian vaikea, muutamalle turhankin helppo. Tämän kirjan tarkoituksena on paikata edellinen puute, sillä nämä kakurot ovat tuntuvasti helpompia. Nämäkin toki vaikeutuvat loppua kohden. Jälkimmäisen vian korjaamiseksi on tarkoitus tehdä kolmas Kakurokirja, jossa tehtävät ovat vaikeampia kuin ensimmäisessä kirjassa.

Tämän kirjan kakuroista 50 on julkaistu paikallislehti Inarilaisessa vuosina 2010-2011. Merkkinä on vasemmassa alakulmassa INA-tunnus ja luku, joka kertoo, kuinka mones kakuro oli lehden julkaisujärjestyksessä.

Mikä on kakuro?

Kakuro kuuluu tunnetumman sudokun ohella Japanissa suosittujen numeropelien joukkoon. Kun sudoku ratkeaa pelkällä päättelyllä, tarvitaan kakuron ratkaisemiseen yhteen- ja vähennyslaskutaitoa. Sudokusta poiketen kakurossa ei anneta yhtään numeroa valmiiksi. Ratkaisemisen välineinä ovat summat. Siksi kakuron suomenkielinen nimi on summaristikko.

Summaristikossa on pysty- ja vaakasuoria valkoisten ruutujen jonoja, joita tummat ruudut erottavat toisistaan. Kutsun tällaista jonoa sanaksi, sillä summaristikko muistuttaa suuresti sanaristikkoa. Sanan pituus on 2...9 ruutua.

Säännöt

Kakuron säännöt ovat yksinkertaiset:

Sääntö 1: Sanojen ruudut täytetään numeroilla 1...9, yksi numero kuhunkin ruutuun.

Sääntö 2: Sanassa ei saa olla kahta samaa numeroa.

Sääntö 3: Pystysanan yläpuolella ja vaakasanan vasemmalla puolella tummassa ruudussa oleva luku kertoo sanassa olevien numeroiden summan.

Näiden sääntöjen avulla on selvitettävä, mikä numero missäkin ruudussa kuuluu olla. Oikein laadittu kakuro ratkeaa aina vain yhdellä tavalla.

Vinkkejä

Usein on helpointa lähteä liikkeelle jostakin nurkasta, jossa kaksiruutuiset sanat risteävät. Pienimmät mahdolliset summat 3 (1+2) ja 4 (1+3) samassa kulmassa merkitsevät sitä, että yhteiseen ruutuun tulee ykkönen, muissa ruuduissa on kakkonen ja kolmonen. Vastaavasti toimivat summat 16 (7+9) ja 17 (8+9).

Ei ole vaikeata löytää muitakaan sellaisia risteäviä sanoja, joilla on vain yksi yhteinen numero. Esimerkiksi kolmiruutuinen 22 ei voi sisältää viitosta pienempää numeroa (5+8+9/6+7+9). Kaksiruutuinen 6 taas ei koskaan saa viitosta suurempaa (1+5/2+4). Jos nämä risteävät, risteysruudussa on 5.

Kannattaa käyttää apunumeroita. Kirjoita ruutuihin lyijykynällä pienin numeroin kaikki ne numerot, jotka vat mahdollisia. Pyyhi pois sitä mukaa, kun käyvät mahdottomiksi (sanassahan ei saa olla kahta samaa). Näistä on muutakin hyötyä kuin muistin tuki. Jos sanassa on kaksi sellaista ruutua, joissa on täsmälleen samat kaksi numeroa, nämä numerot eivät voi esiintyä missään muissa sen sanan ruuduissa. Poispyyhkiminen voi ratkaista joitakin ruutuja. Sama toimii pidempinäkin yhdistelminä, esim. kolme ruutua ja kolme numeroa.

Joskus on hyödyllistä laskea jonkin osa-alueen pysty- ja vaakarivien summat ja verrata niitä toisiinsa. Vähennyslaskulla voi selvitä jonkin ruudun numero.

Toisinaan taas on syytä kokeilla, mihin tietty valinta johtaa. Jossakin ruudussa on kaksi apunumeroa. Valitset niistä toisen ja merkitset sen vaikkapa alleviivaamalla. Pyyhit sen numeron pois pysty- ja vaakasanojen muista ruuduista mutta vain virtuaalisesti, esim. ylleviivaamalla. Jatka näin kunnes päädyt kahteen samaan numeroon samassa sanassa tai muuhun ristiriitaan. Silloin voit pyyhkiä todellisesti pois alkuperäisen alleviivatun numeron ja kaikki apuviivat. Jos et päädy ristiriitaan, et voi käyttää tilannetta hyödyksi, vaan joudut pyyhkimään apuviivat pois.

Kannattaa keksiä itse lisää kaikenlaisia ratkaisukikkoja.

Vaikeustasot

Vaikeustaso on ilmaistu tähdillä, joita on yhdestä viiteen. Niiden antama tieto on vain suuntaa-antavaa.

Luotettava tason määrittäminen on vaikeata. Lisäks kokemus vaikeudesta on yksilöllinen.

Ristikoiden järjestys noudattelee jossain määrin oma. käsitystäni niiden vaikeudesta. Tähtiluokitus on lisäks kirjan sisäinen – sama tähtiluku jossakin muuall. julkaistussa (mukaan lukien ensimmäine. Kakurokirja) kakurossa ei tarkoita sama. vaikeusastetta.

Helpot summat

Aikaa myöten opit ainakin nämä summat ulkoa. Kussaki. ruutumäärässä alimmat ja ylimmät mahdolliset summa. syntyvät vain yhdellä tavalla, kun numeroiden järjestyst. ei oteta huomioon.

2 ruutua

3=	1+2	14=	5+9 tai 6+8
4=	1+3	15=	6+9 tai 7+8
5=	1+4 tai 2+3	16=	7+9
6=	1+5 tai 2+4	17=	8+9

3 ruutua

6=	1+2+3	22=	5+8+9 tai 6+7+9
7=	1+2+4	23=	6+8+9
8=	1+2+5 tai 1+3+4	24=	7+8+9

4 ruutua

10=	1+2+3+4	28=	4+7+8+9 tai
11=	1+2+3+5		5+6+8+9
12=	1+2+3+6 tai	29=	5+7+8+9
	1+2+4+5	30=	6+7+8+9

5 ruutua

15=	1+2+3+4+5	33=	3+6+7+8+9 tai
16=	1+2+3+4+6		4+5+7+8+9

17=	1+2+3+4+7 tai	34=	4+6+7+8+9
	1+2+3+5+6	35=	5+6+7+8+9

6 ruutua

21=	1+2+3+4+5+6	37=	2+5+6+7+8+9
22=	1+2+3+4+5+7	tai	3+4+6+7+8+9
23=	1+2+3+4+5+8	38=	3+5+6+7+8+9
	tai 1+2+3+4+6+7	39=	4+5+6+7+8+9

7 ruutua

28=	1+2+3+4+5+6+7	40=	1+4+5+6+7+8+9
29=	1+2+3+4+5+6+8	tai	2+3+5+6+7+8+9
30=	1+2+3+4+5+6+9	41=	2+4+5+6+7+8+9 tai
	1+2+3+4+5+7+8	42=	3+4+5+6+7+8+9

8 ruutua

36:	puuttuu 9	41:	puuttuu 4
37:	puuttuu 8	42:	puuttuu 3
38:	puuttuu 7	43:	puuttuu 2
39:	puuttuu 6	44:	puuttuu 1
40:	puuttuu 5		

9 ruutua

45:	kaikki

Hyvää matkaa!

Hyvää matkaa kakuroiden maailmaan. Kun saat juonesta kiinni, et enää osaa olla ilman. Kakurot ovat myös erinomaista matkaseuraa linja-autossa, junassa, laivassa ja lentokoneessa. Hyvää matkaa siis!

Ivalossa 18.1.2013

Mauno Hepola

Kakurot

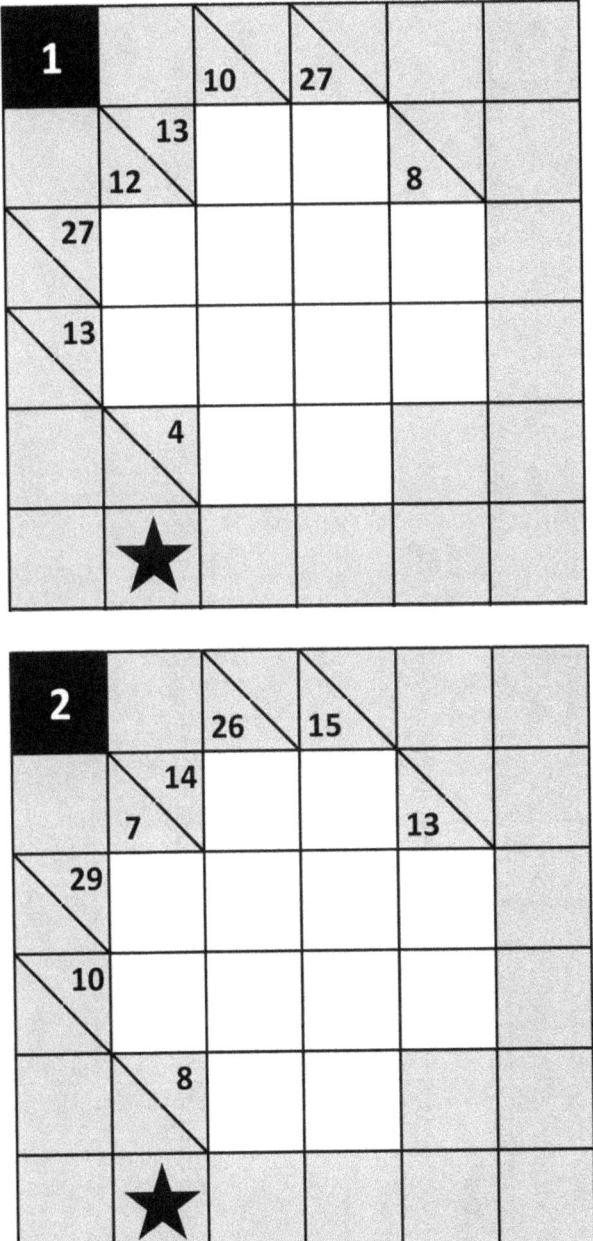

11

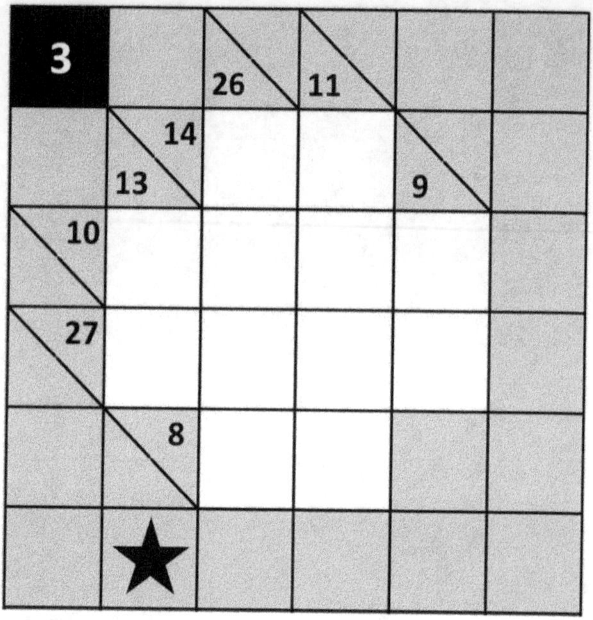
3
26
11
14
13
9
10
27
8

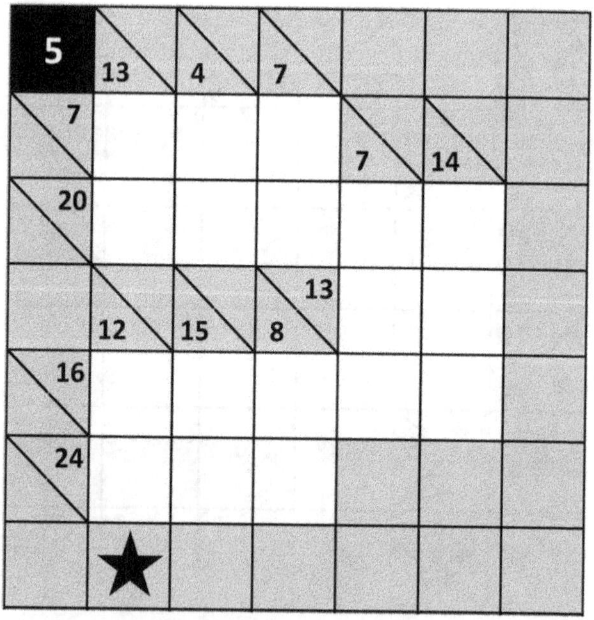
5
13
4
7
7
7
14
20
13
12
15
8
16
24

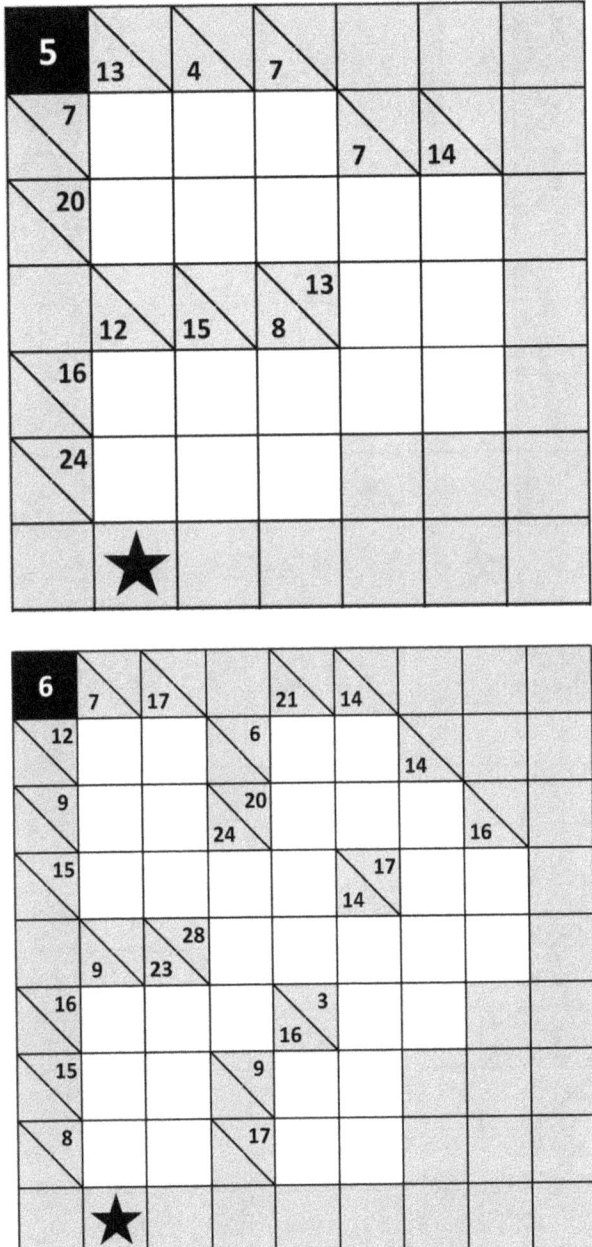

7

Across/Down clues:
7, 10, 8, 24, 7, 21
23, 10
7, 13, 21
8, 23, 21
24, 10, 12
7, 6
13, 20
★

8

Across/Down clues:
8, 3, 7, 28, 16, 30, 4
4, 17, 17, 11
24, 7, 15
4, 16, 15, 17, 23, 16
3, 27, 3
16, 9, 16
13, 4, 17, 7, 9, 3
14, 19
5, 15, 4
★

14

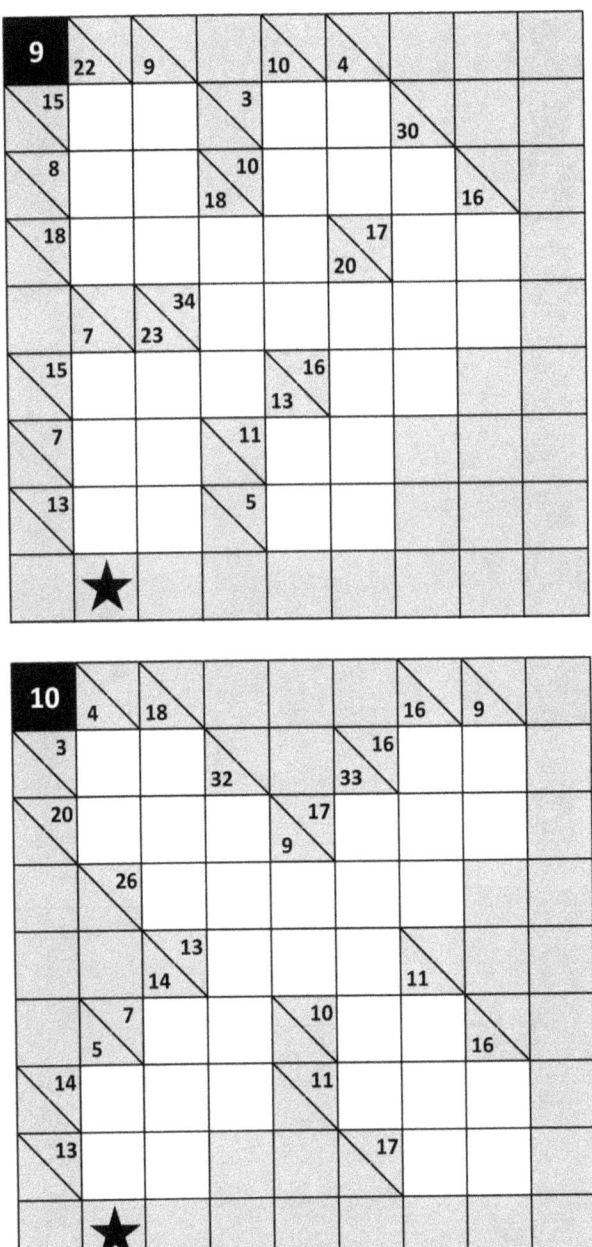

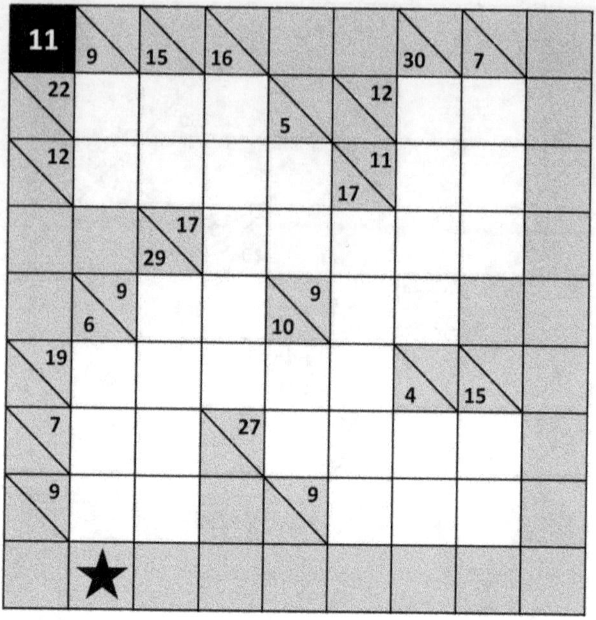
11

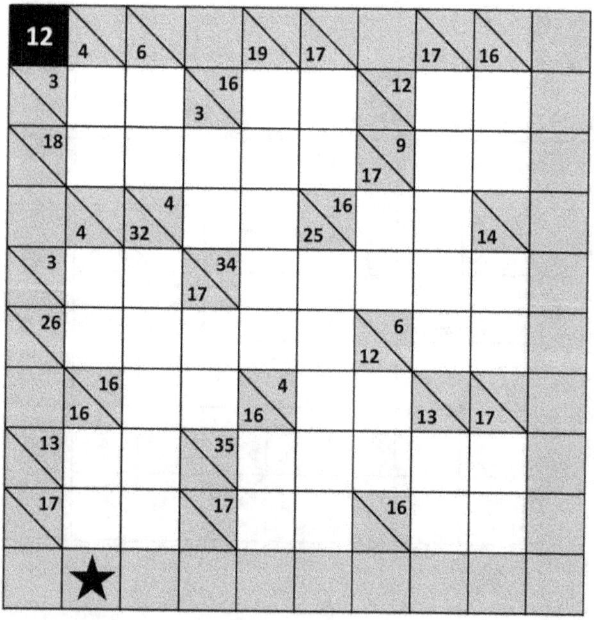
12

13

Kakuro grid INA 040

Top clues: 3, 19, 24, 17, 35, 10

	3\	19\			24\	17\		35\	10\	
4\				16\			17\			
9\			21\	8\...			7\			
	27\		21\			15\	14\		16\	
	17\	7\			25\	22\				
23\	16\			14\	16\		14\			
12\		26\	13\				17\	9\	22\	
8\	9\	3\		29\						
8\			13\	15\			12\			
4\			7\				6\			
INA 040 ★										

14

Kakuro grid INA 042

Top clues: 4, 15, 16, 11, 11, 6

	4\	15\		16\	11\			11\	6\	
3\			10\				14\			
10\			14\	7\...	7\					
	11\	8\		6\	25\	13\		8\	13\	
	13\	13\	7\				16\	10\		
19\				12\	30\					
5\		27\	8\				21\			
	15\	22\	6\		10\	17\			7\	
9\			14\			15\				
13\			16\			5\				
INA 042 ★										

17

15

16

INA 047

18

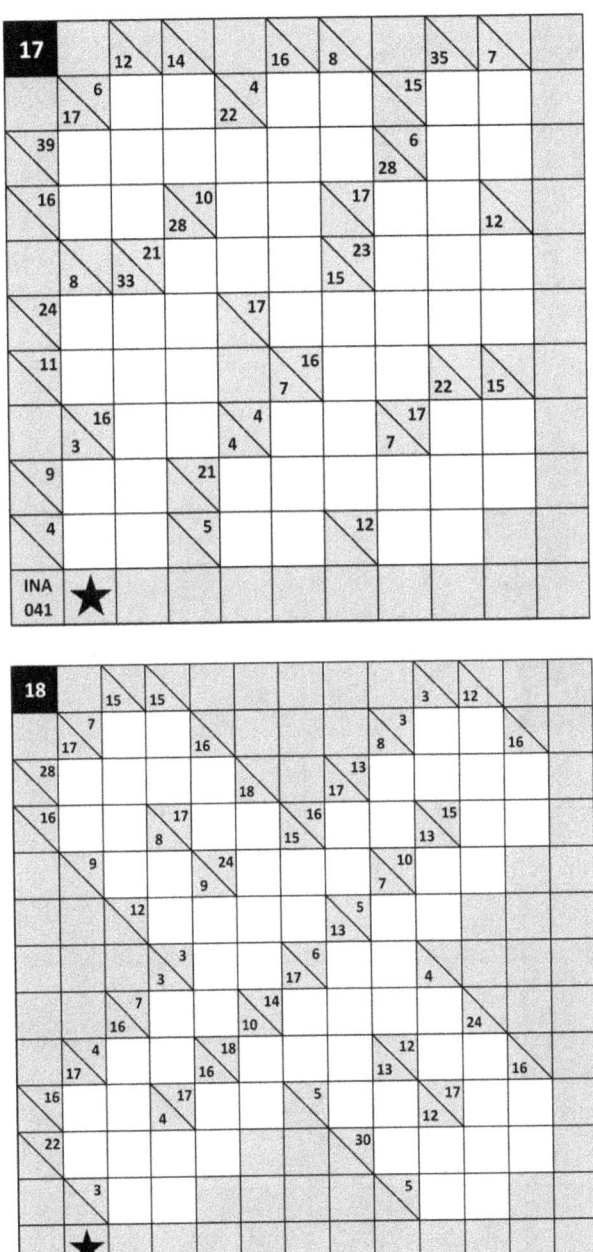

19

19

20

20

Puzzle 21

Puzzle 22 (INA 012)

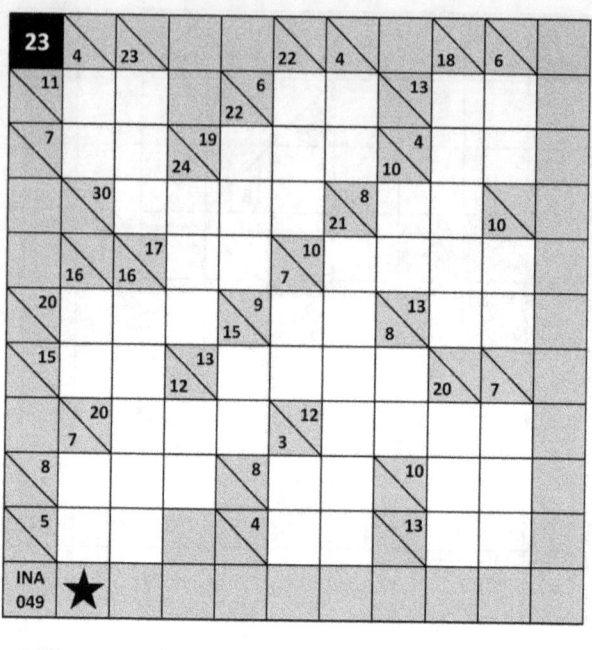

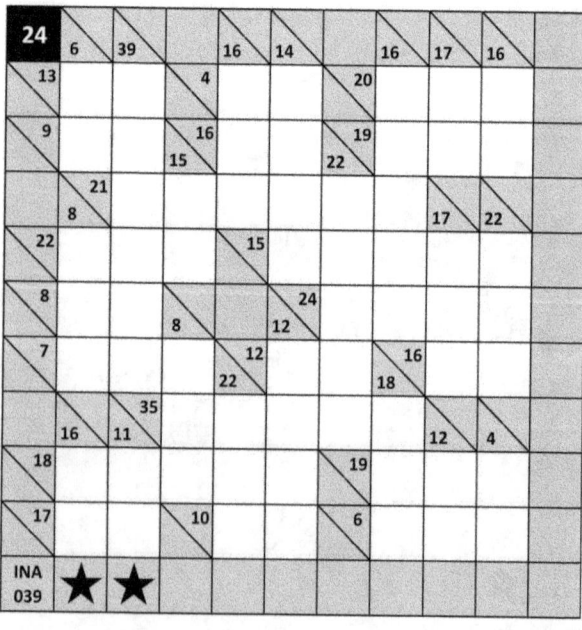

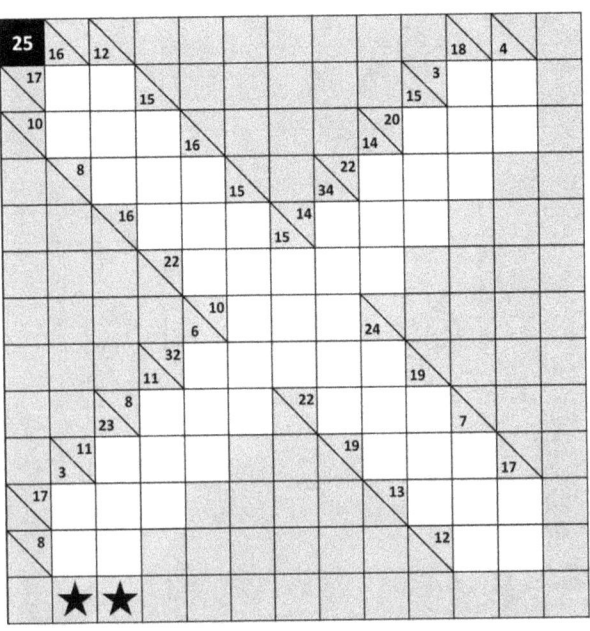

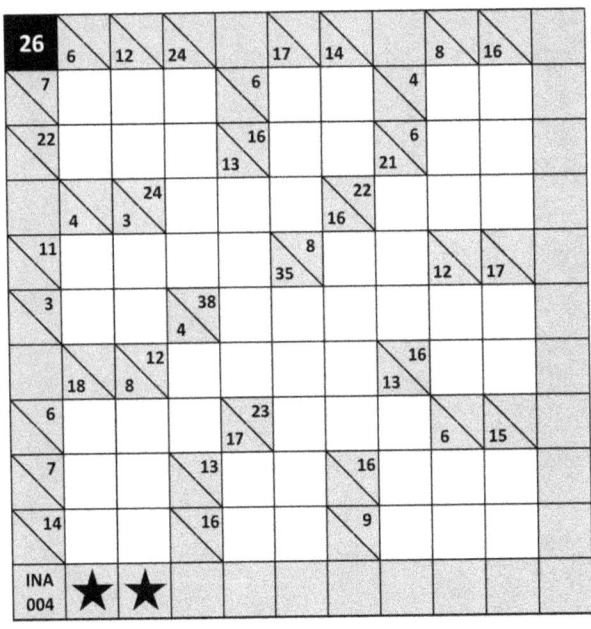

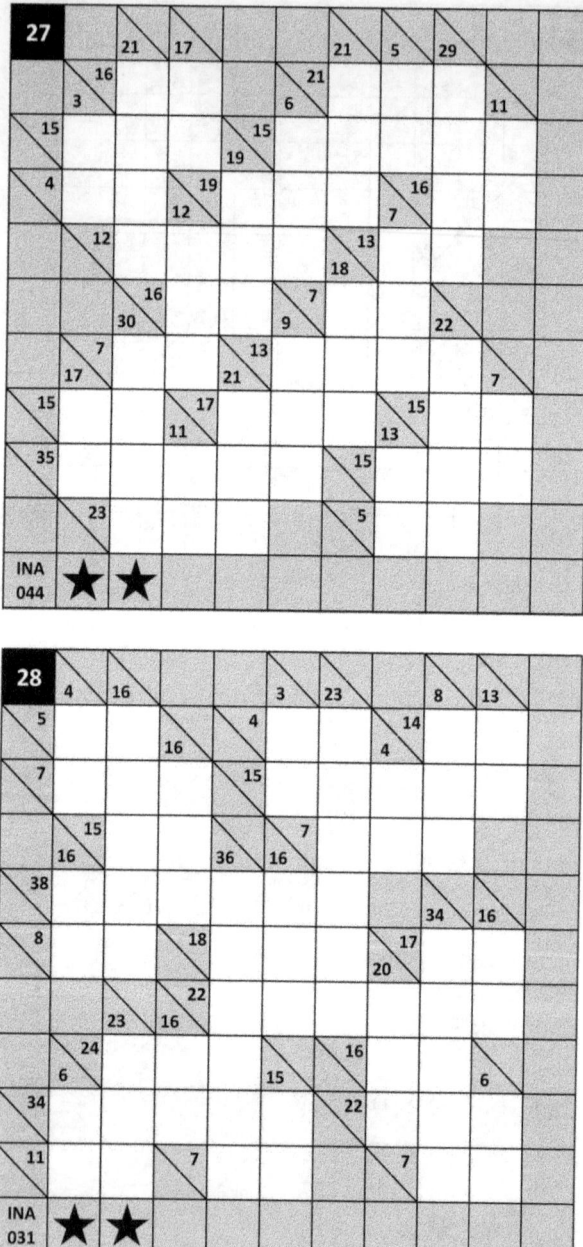

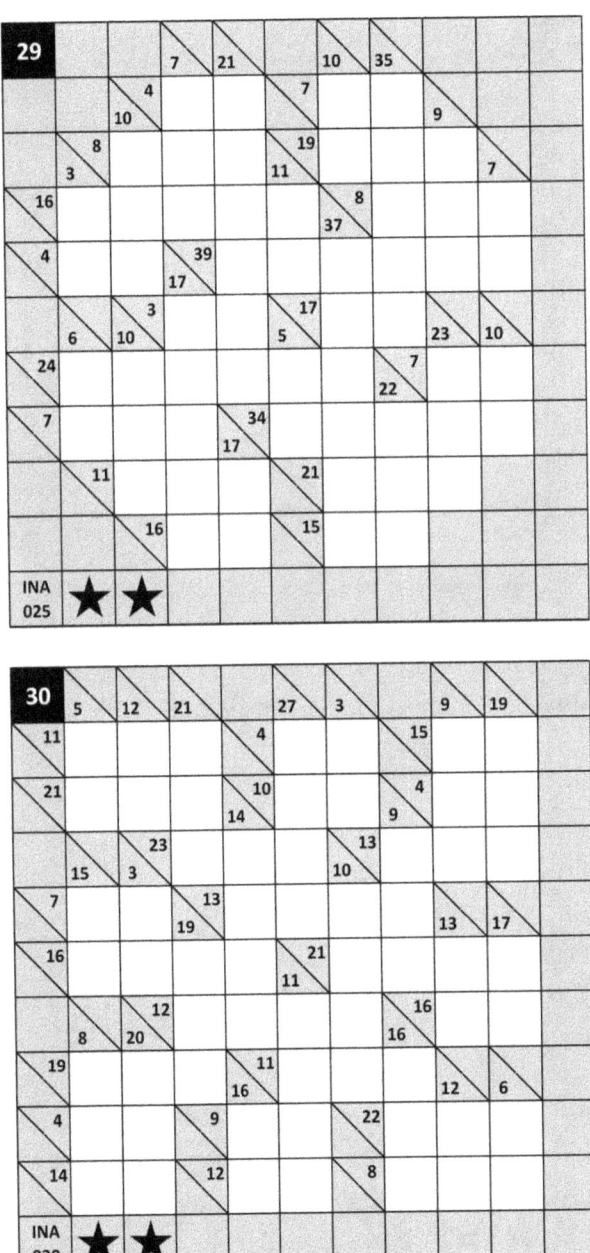

31

INA 050 ★ ★

32

★ ★

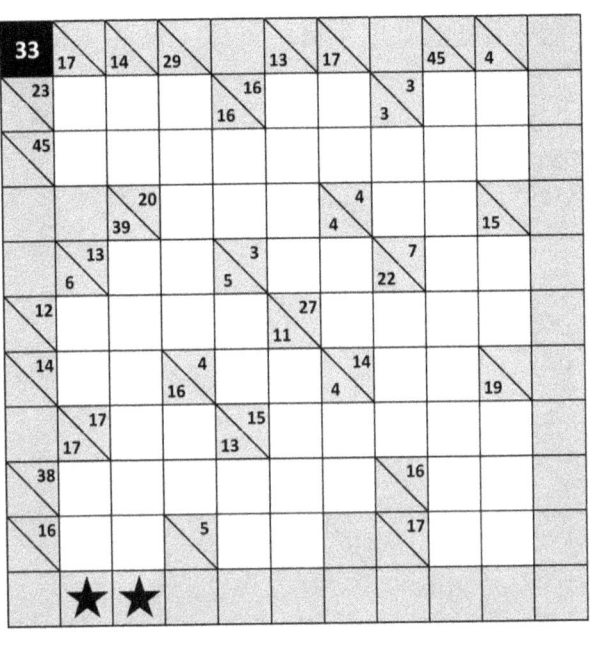

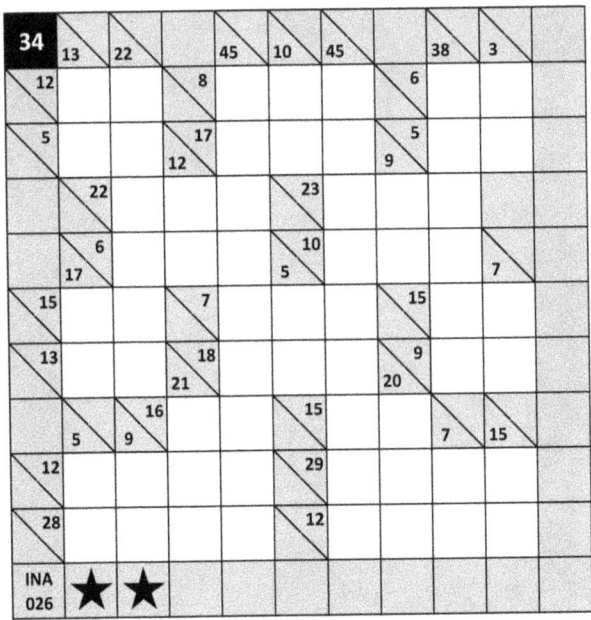

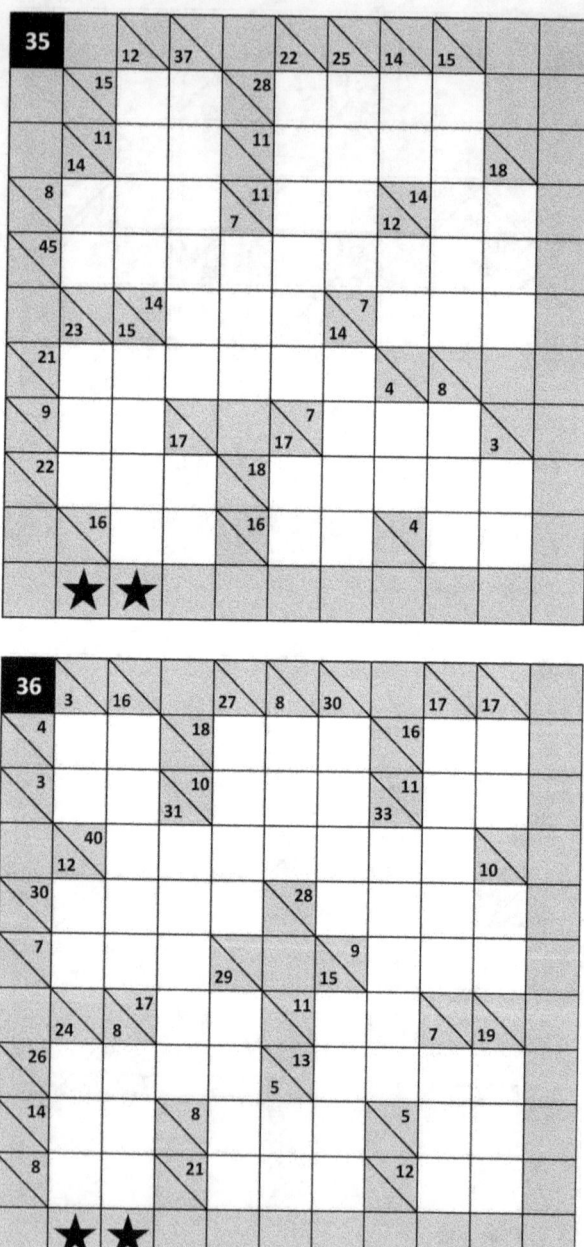

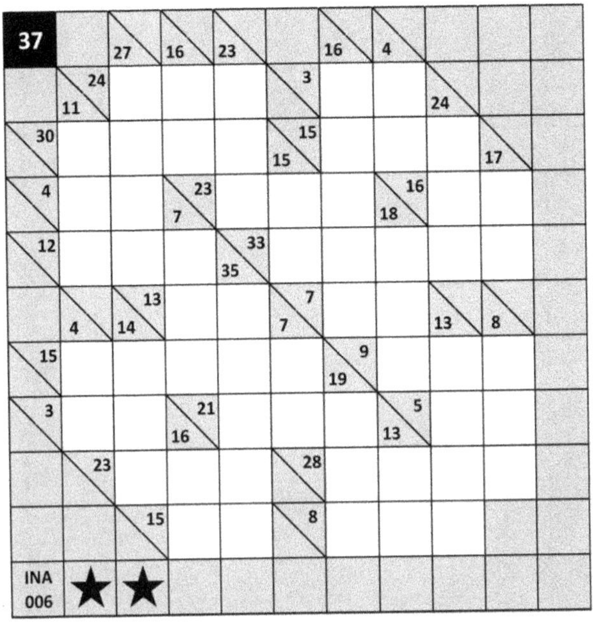
37
27 16 23 16 4
24 11 3 24
30 15 15 17
4 23 7 16 18
12 33 35
4 13 14 7 7 13 8
15 9 19
3 21 16 5 13
23 28
15 8
INA
006

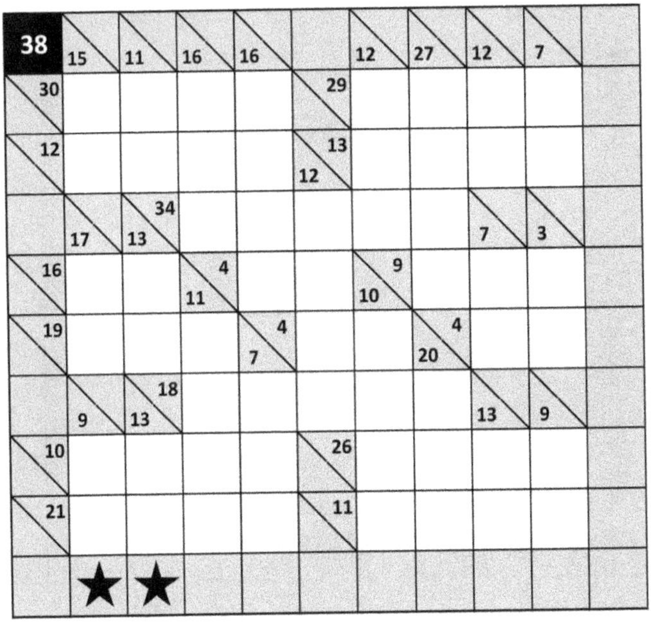
38
15 11 16 16 12 27 12 7
30 29
12 13 12
34 17 13 7 3
16 4 11 9 10
19 4 7 4 20
18 9 13 13 9
10 26
21 11

39

40

Puzzle 41 — INA 043 ★★

Puzzle 42 — INA 036 ★★

31

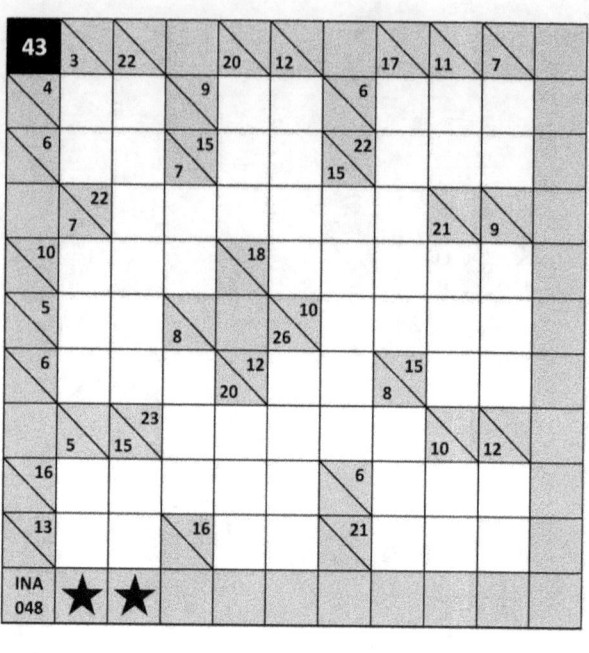

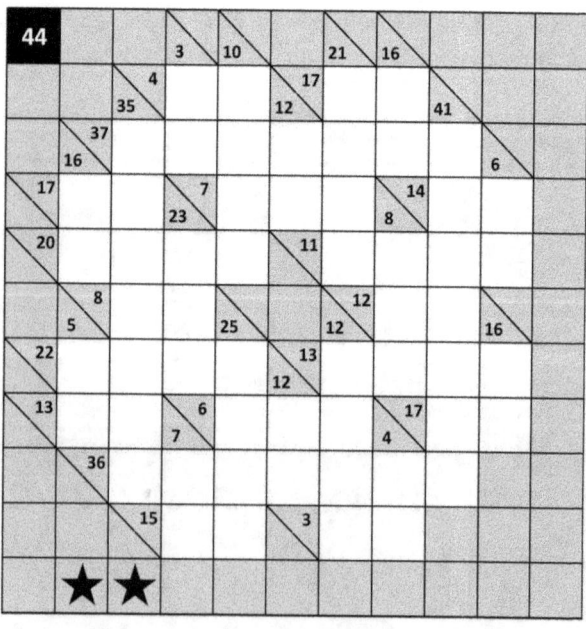

Puzzle 45 (INA 033) ★★

Clues: 23, 23, 16, 32, 7, 7, 17, 7, 12, 12, 15, 6, 14, 19, 8, 39, 13, 39, 15, 3, 16, 16, 23, 15, 19, 4, 38, 10, 6, 21, 16, 4, 17, 20, 3, 7

Puzzle 46 ★★

Clues: 7, 11, 24, 11, 3, 45, 16, 23, 4, 13, 17, 17, 45, 9, 30, 16, 15, 4, 14, 3, 7, 16, 3, 21, 20, 18, 26, 4, 10, 17, 15, 16, 7, 16, 14, 31, 4, 33, 4, 6, 12, 13

47

48

INA
032

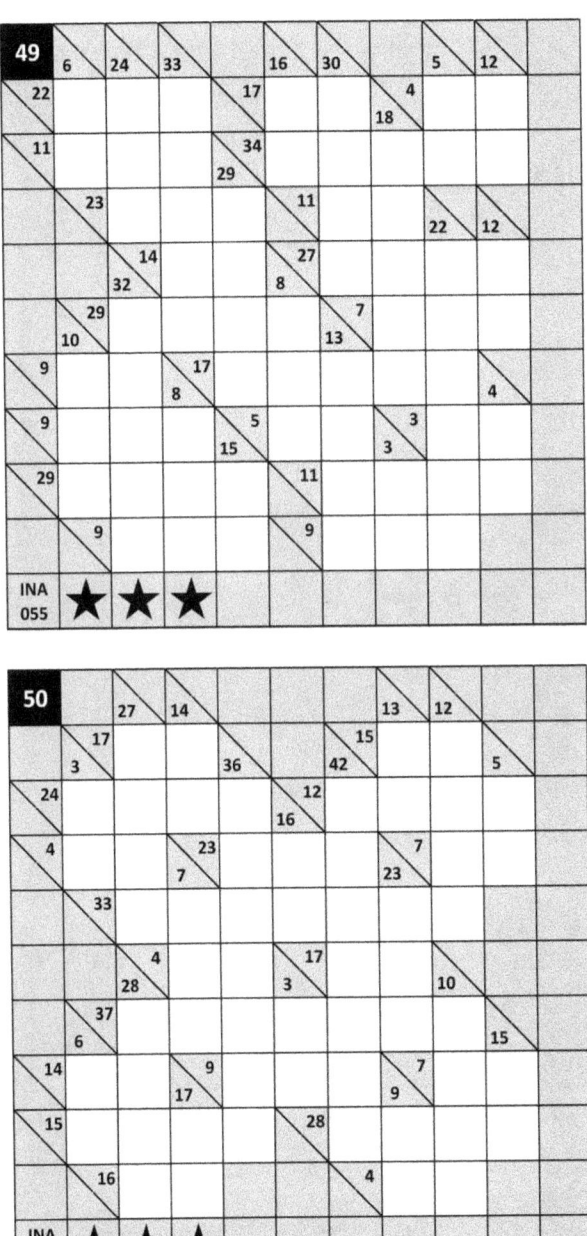

35

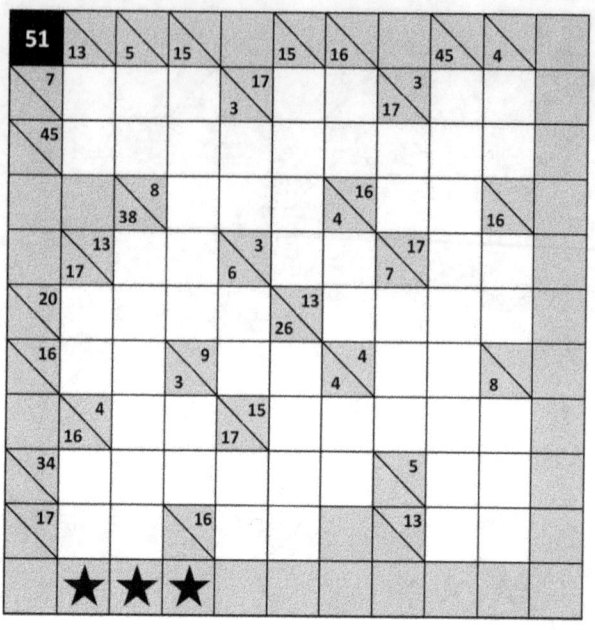

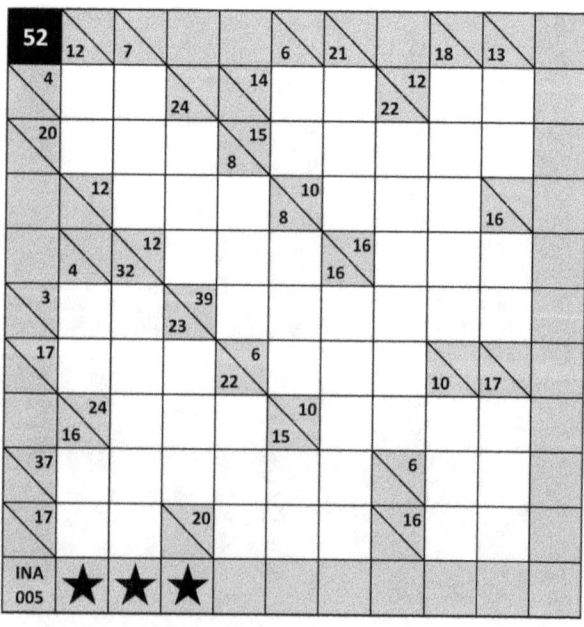

36

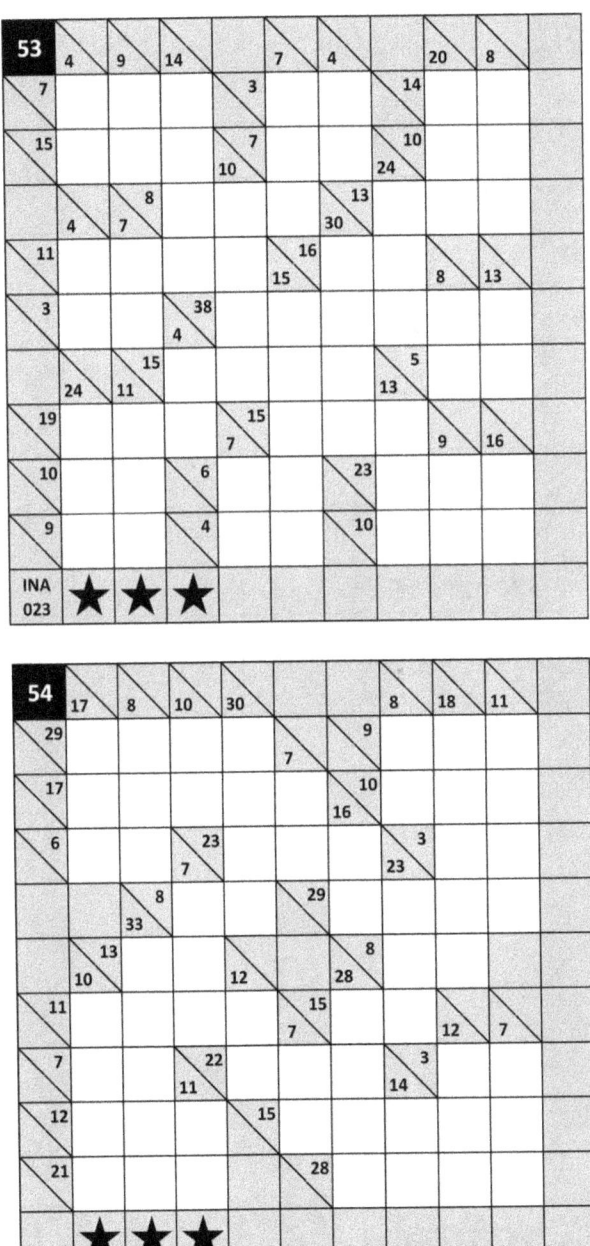

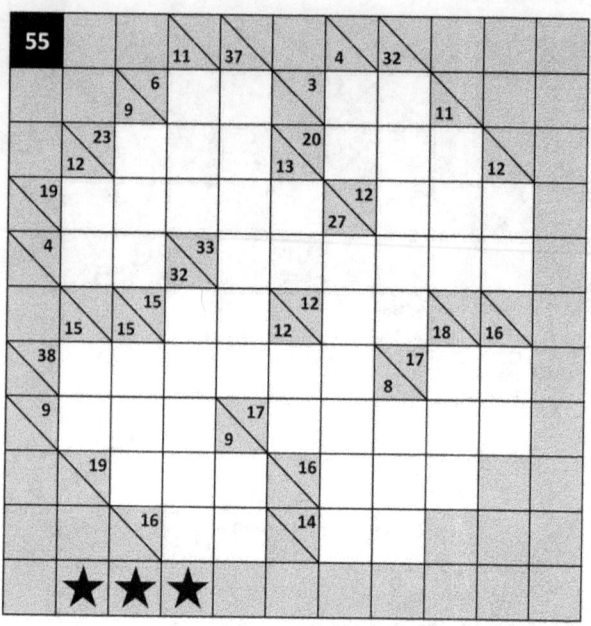

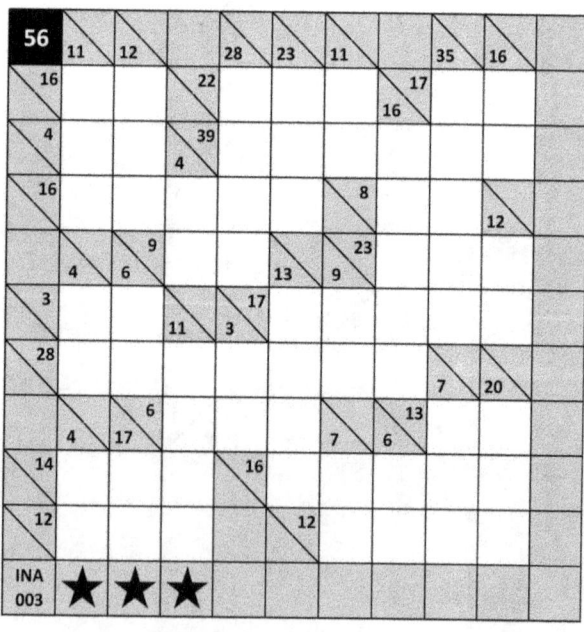

38

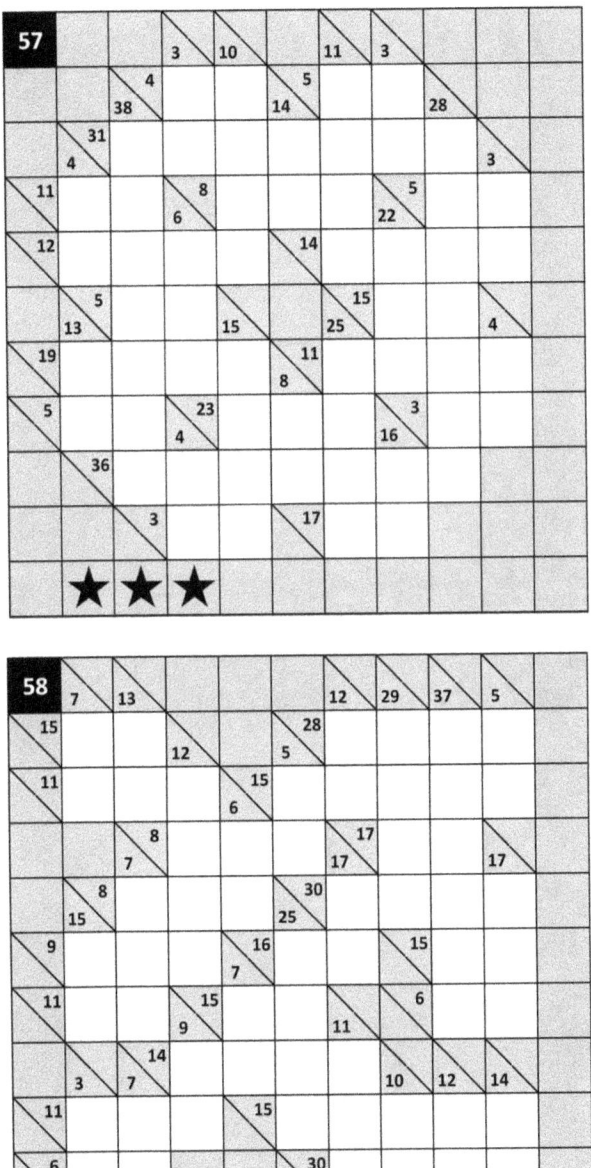

59

INA
016 ★★★

60

INA
028 ★★★

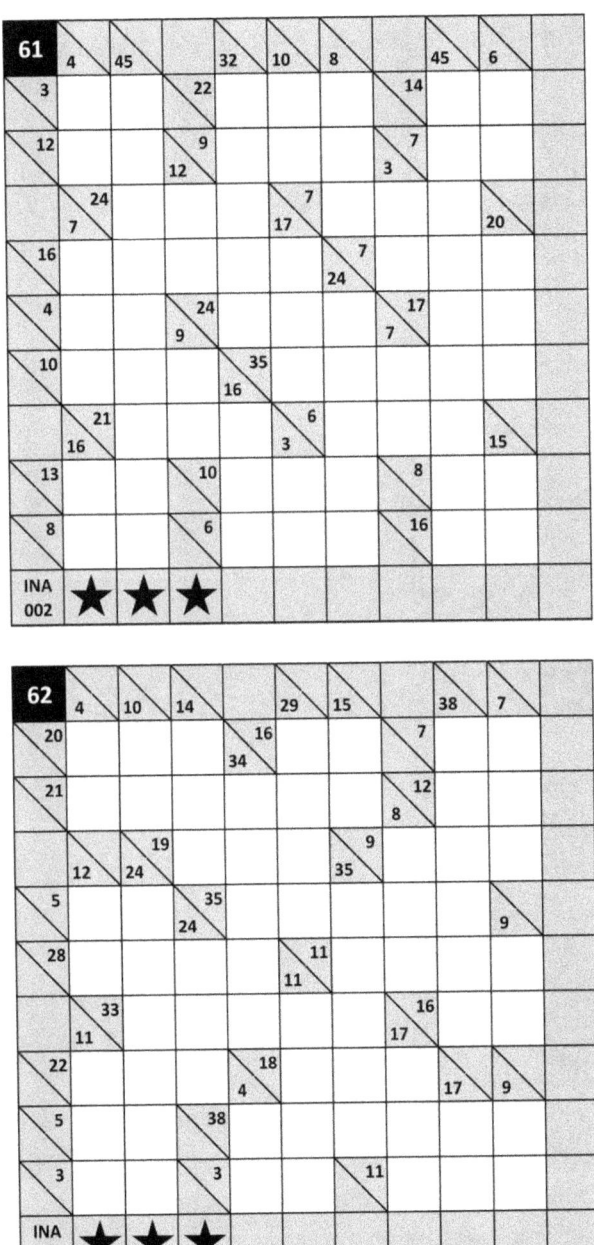

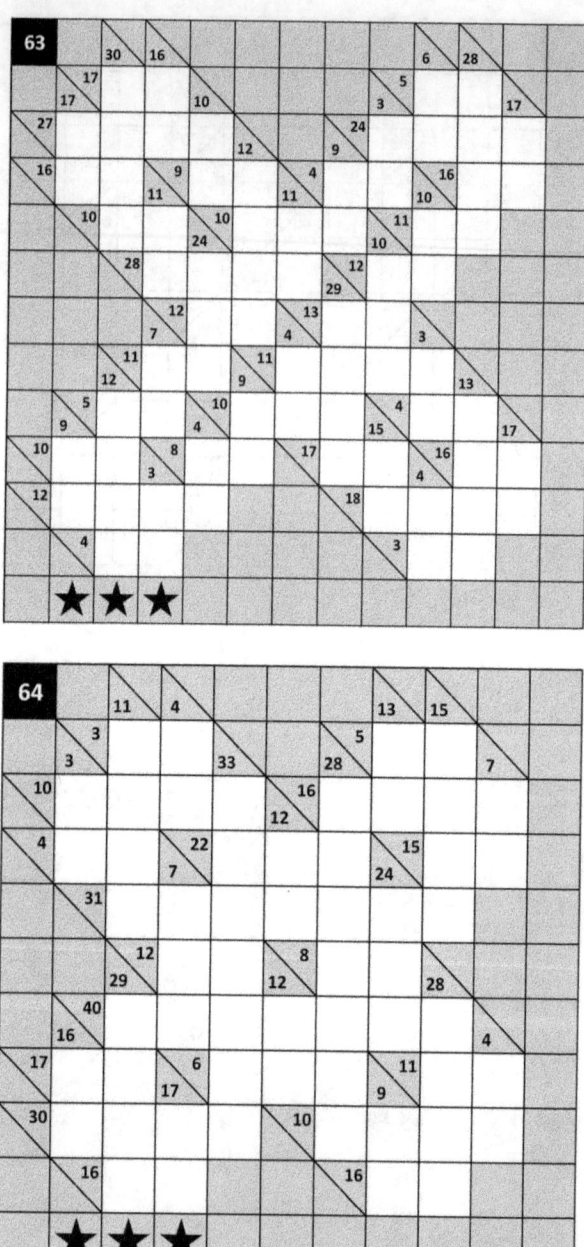

63

64

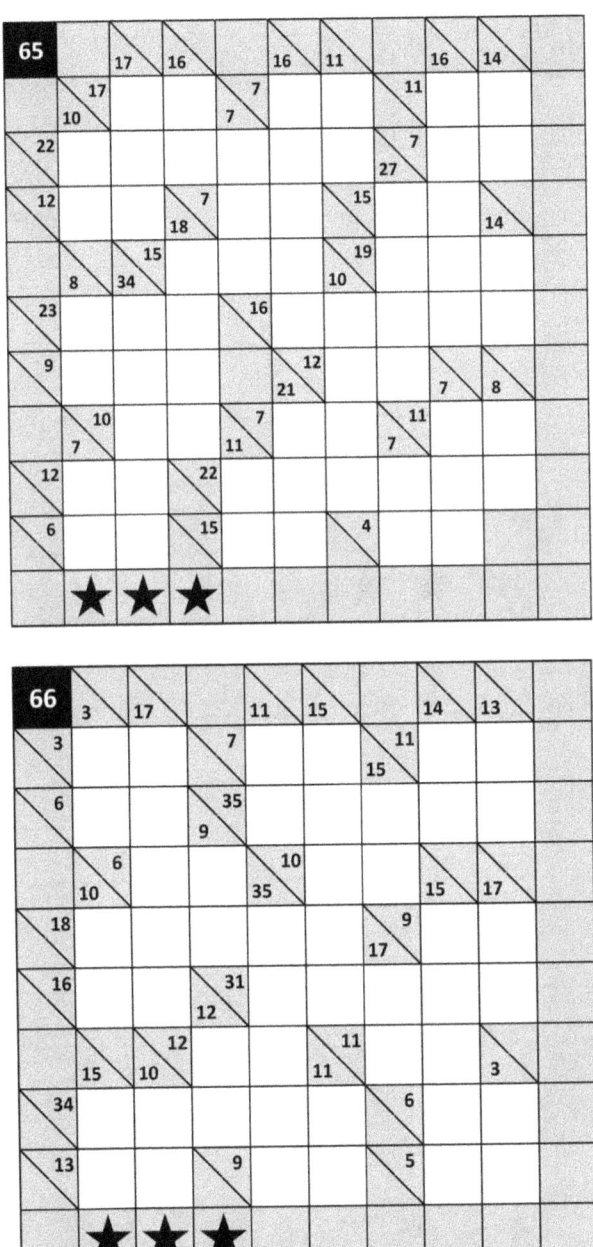

65

66

43

67

68

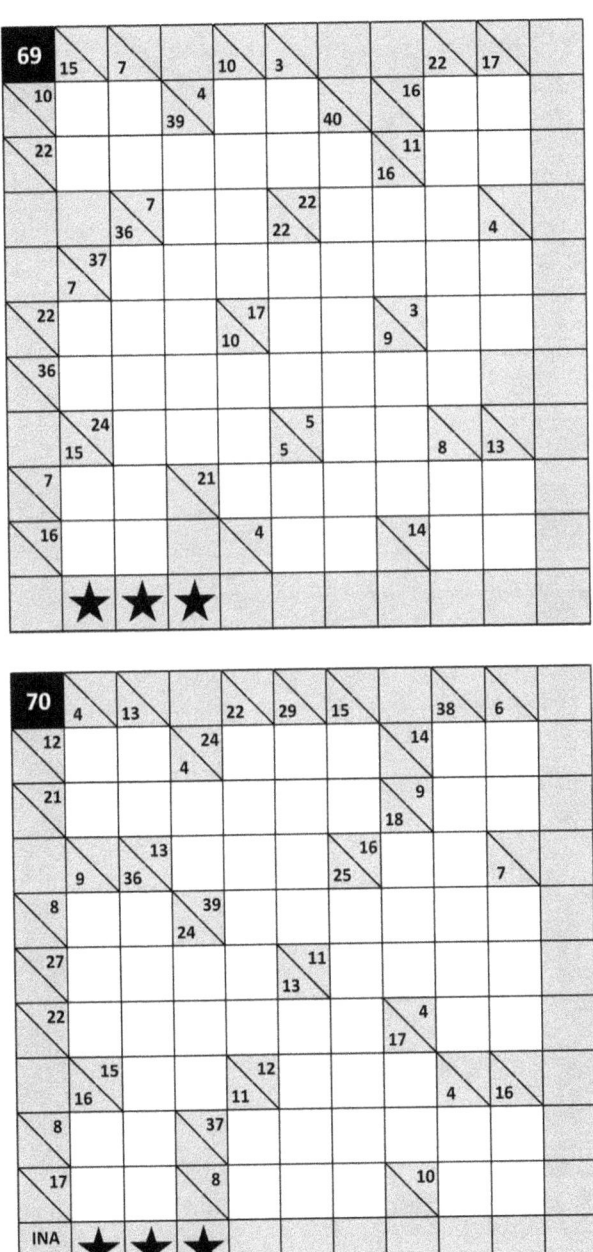

45

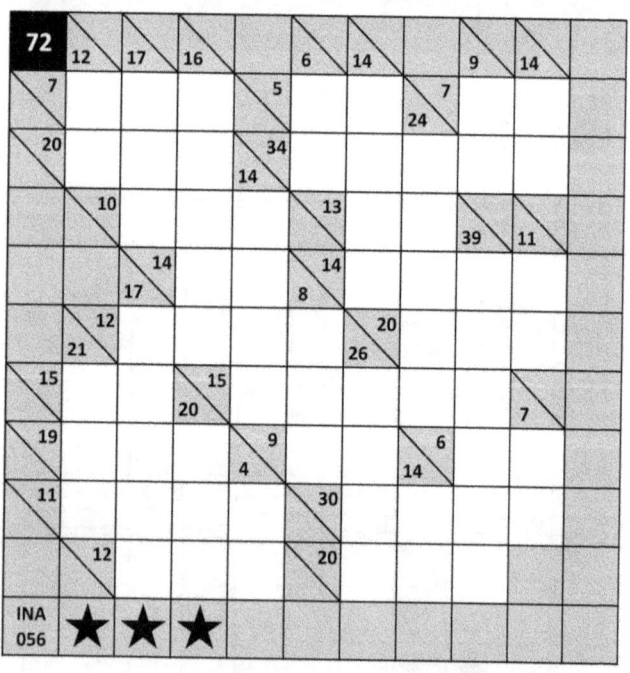

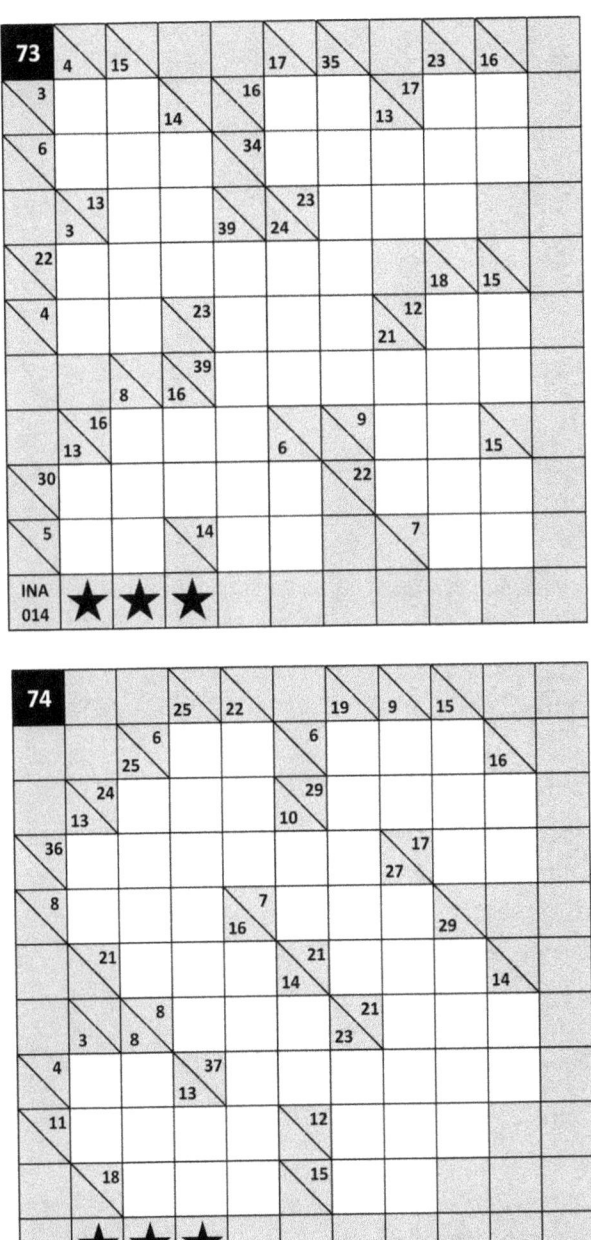

Puzzle 75 (INA 022) — Kakuro grid with three-star difficulty rating.

Puzzle 76 — Kakuro grid with three-star difficulty rating.

77

Kakuro grid INA 035 — ★★★★

Column clues (top row): 15, 21, 33, 4, 28, 13, 12, 26

Row 1: 16 | 23
Row 2: 33 | 7 / 30
Row 3: 14 / 19 | 16 | 10 / 22
Row 4: 20 | 32 / 35
Row 5: 26 | 17 / 6 | 27 | 14
Row 6: 3 | 36 / 14
Row 7: 11 | 8 / 7 | 16 | 13 / 4
Row 8: 13 | 27
Row 9: 30 | 13

78

Kakuro grid INA 020 — ★★★★

Column clues (top row): 3, 7, 22, 16, 16, 24, 7

Row 1: 4 | 24 / 4 | 15
Row 2: 22 | 5 / 15
Row 3: 7 / 38 | 9 | 4 / 22 | 23
Row 4: 13 | 26 / 17
Row 5: 11 | 29 / 12
Row 6: 21 | 7 / 15
Row 7: 17 / 17 | 13 / 13 | 8 | 16
Row 8: 11 | 39
Row 9: 16 | 8 | 8

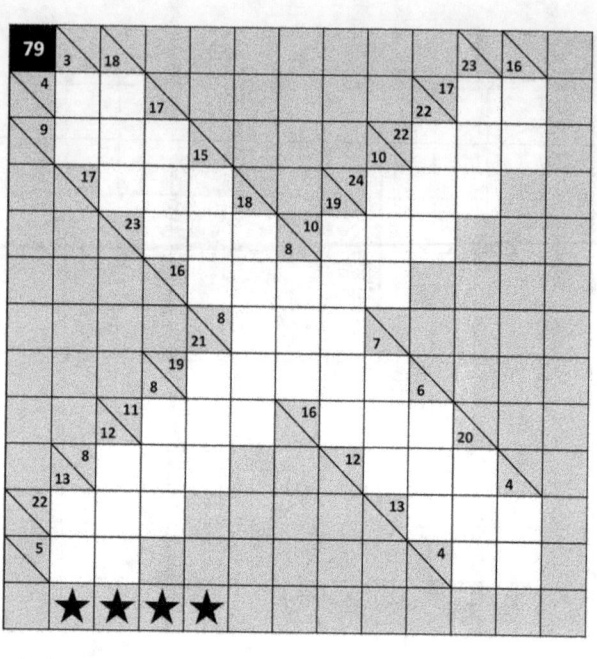

79

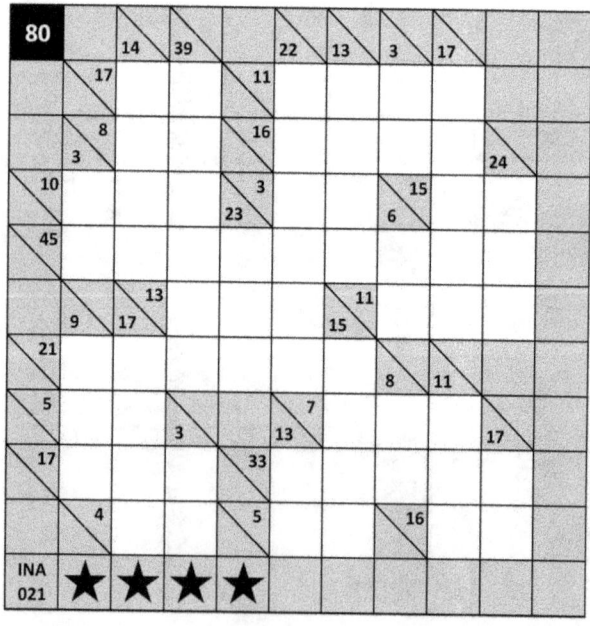

80

INA 021

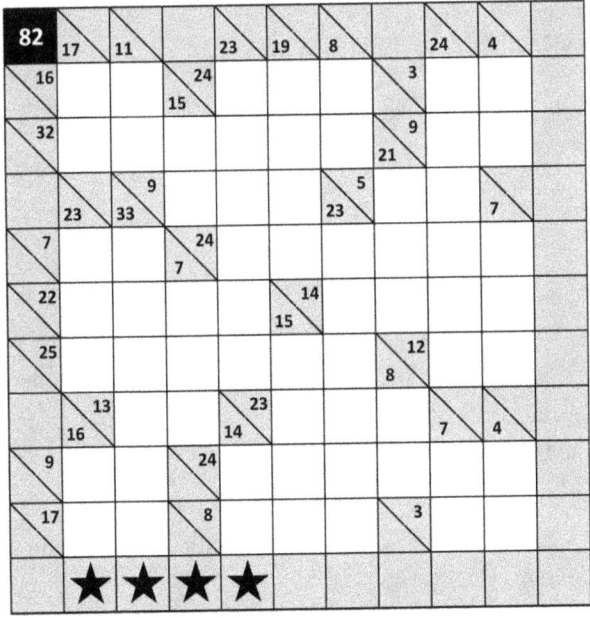

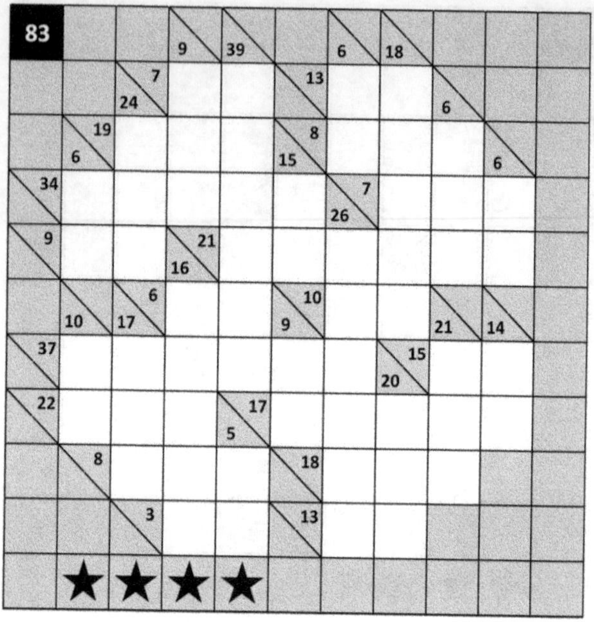

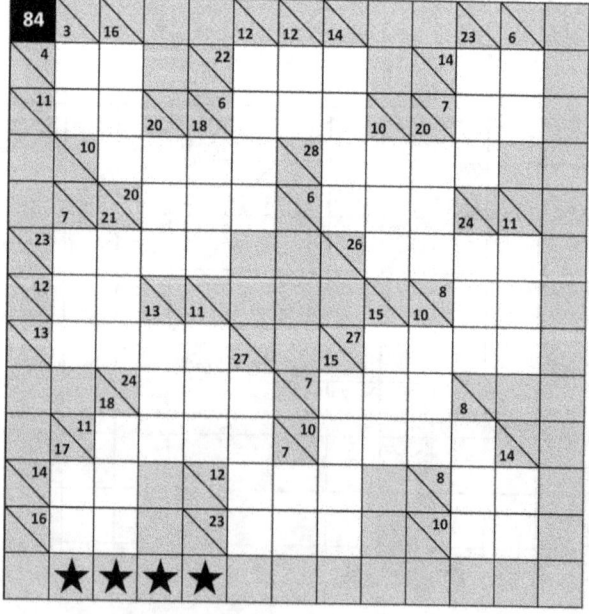

52

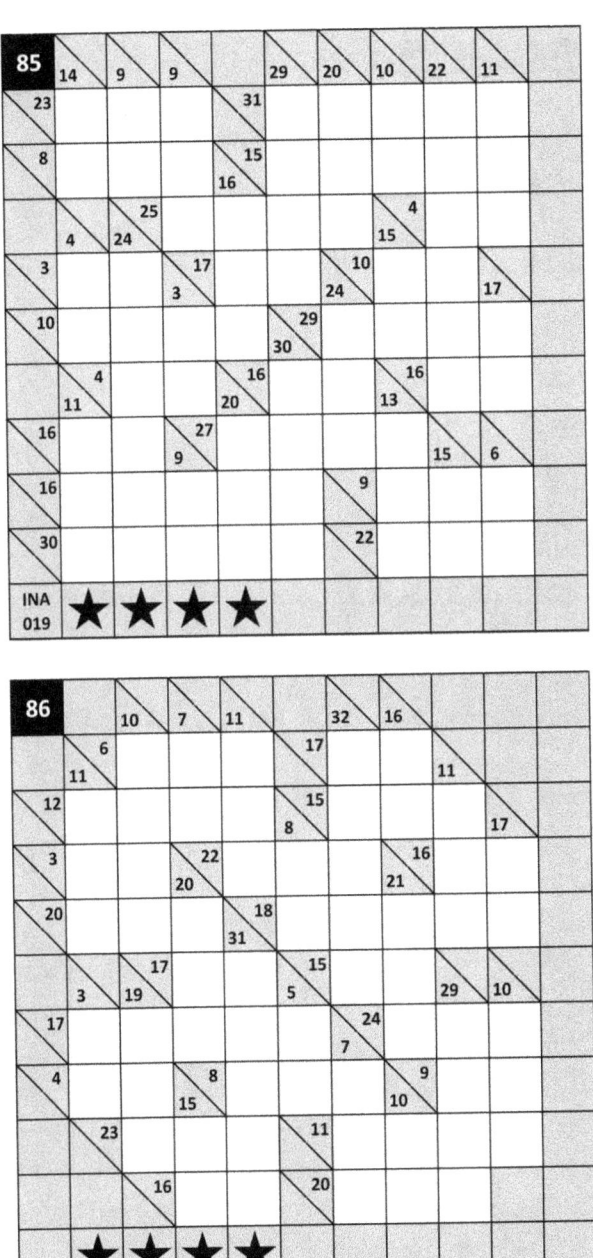

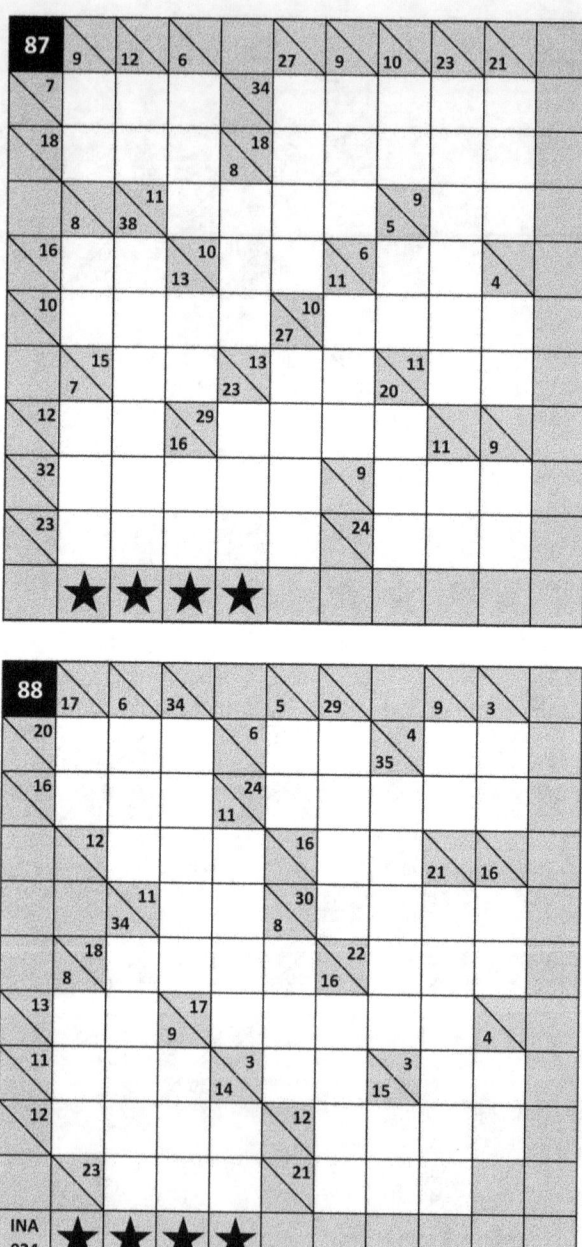

87

88

INA
024

54

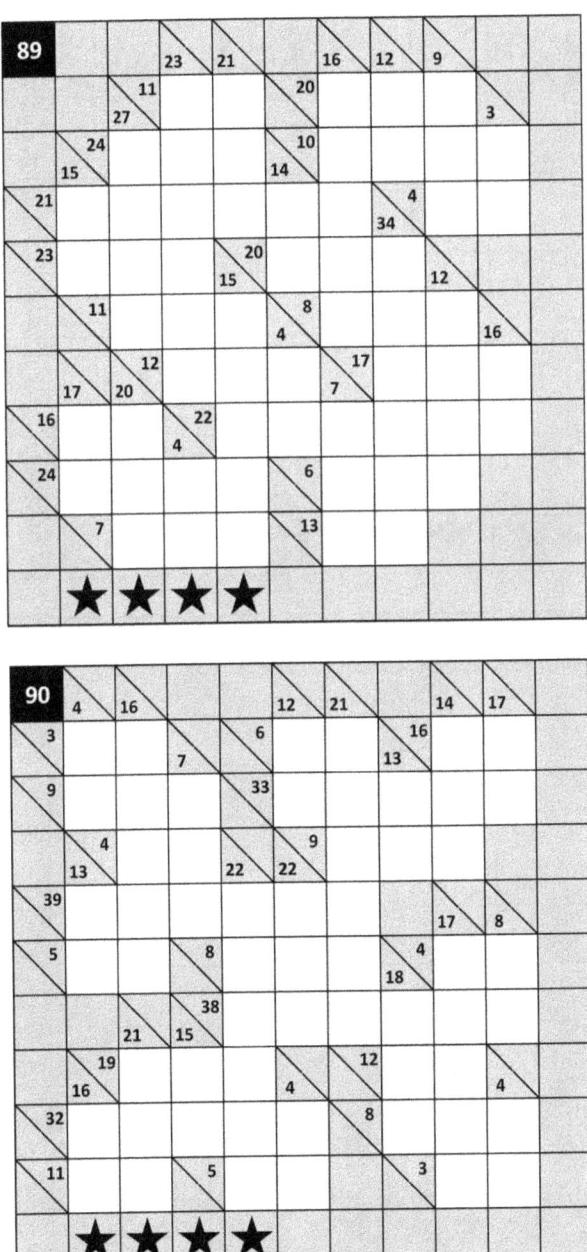

91

92

INA
034

56

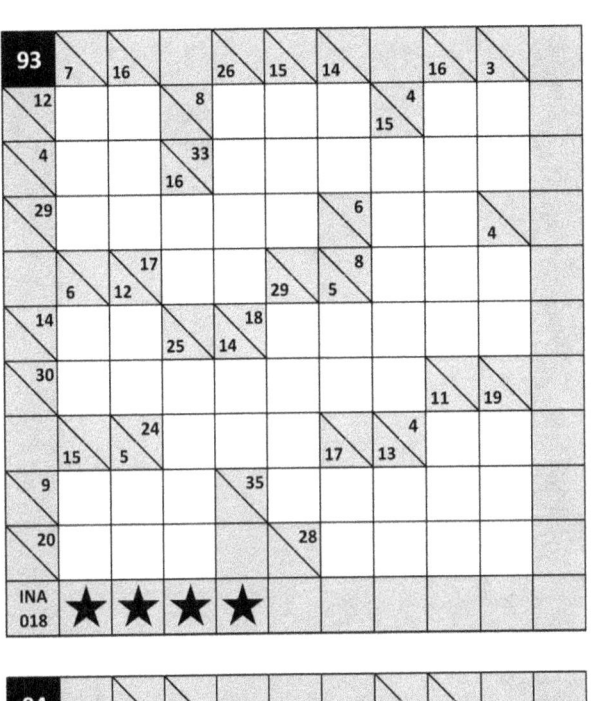

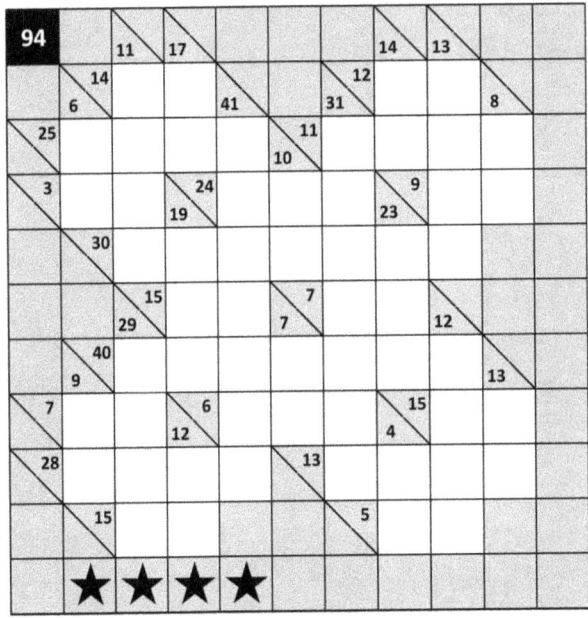

95

INA 001 ★★★★

96

INA 027 ★★★★

58

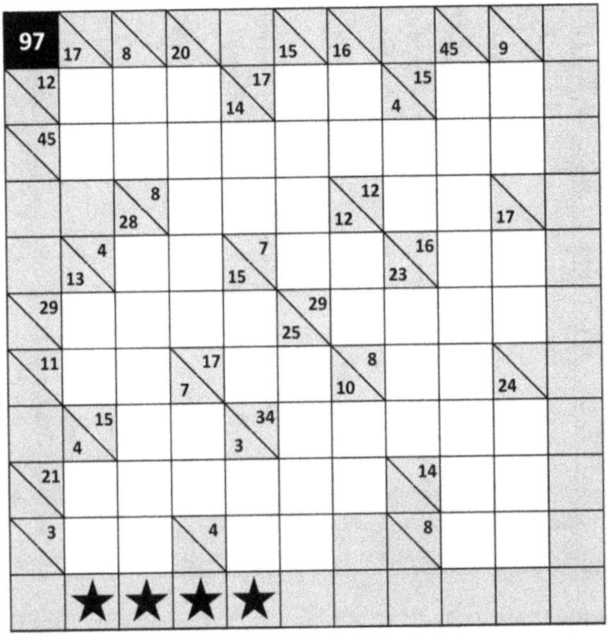

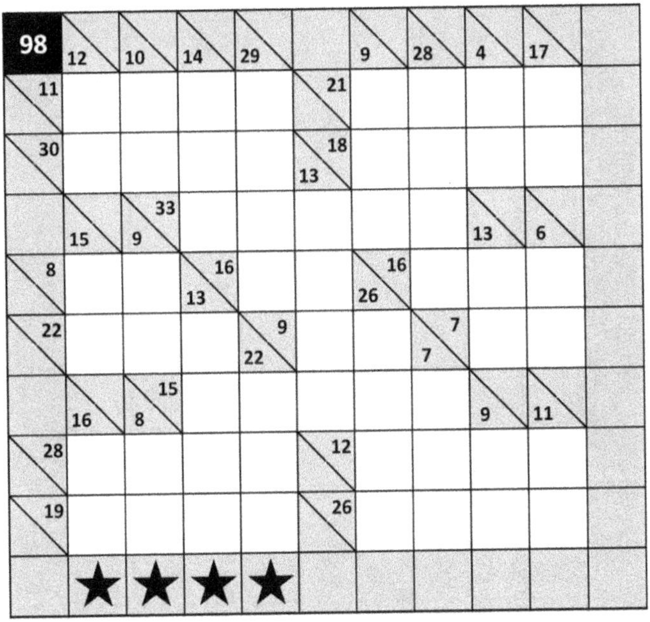

97

Kakuro puzzle grid with clues: 17, 8, 20, 15, 16, 45, 9, 12, 17, 14, 15, 4, 45, 8, 28, 12, 12, 17, 4, 13, 7, 15, 16, 23, 29, 25, 29, 11, 17, 7, 8, 10, 24, 15, 4, 34, 3, 21, 14, 3, 4, 8

★ ★ ★ ★

98

Kakuro puzzle grid with clues: 12, 10, 14, 29, 9, 28, 4, 17, 11, 21, 30, 18, 13, 33, 15, 9, 13, 6, 8, 16, 13, 16, 26, 22, 9, 22, 7, 7, 15, 16, 8, 9, 11, 28, 12, 19, 26

★ ★ ★ ★

99

Across/down clues: 16, 35, 27, 16, 15, 28
6, 29, 12
36
12, 7, 8
28
39
★ ★ ★ ★ ★

100

7, 33, 11, 12, 19, 35, 15
14, 22, 16
6, 7, 14, 16
35
28, 8, 14
12, 26
23, 14, 11
13
15, 11
6, 11, 22, 7
14, 12, 13
3, 8, 10
8, 14, 11
★ ★ ★ ★ ★

60

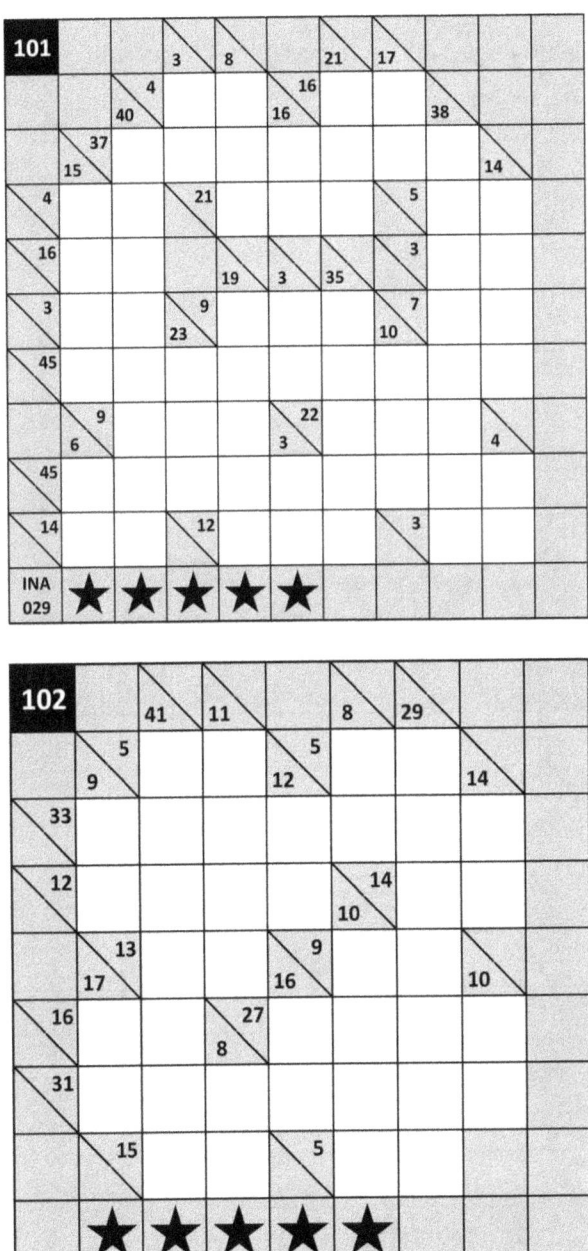

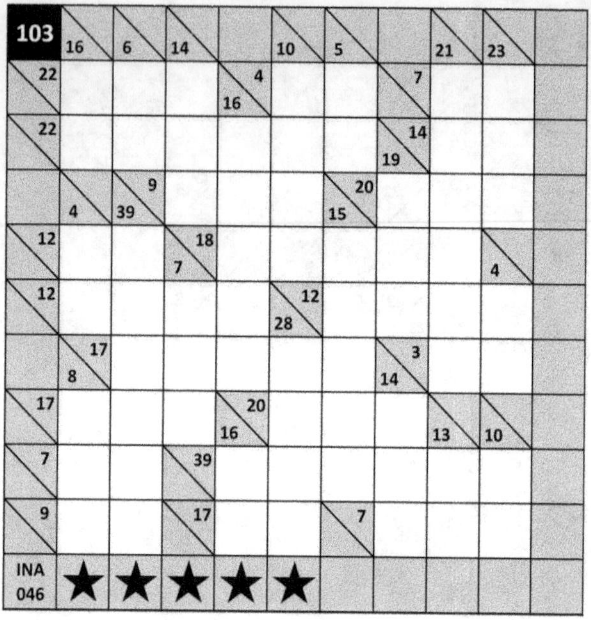

103

Kakuro puzzle grid with clues: top row 16, 6, 14, 10, 5, 21, 23; left/inner clues include 22, 4/16, 7, 22, 14/19, 9/4/39, 20/15, 12/18/7, 4, 12/12/28, 17/8, 3/14, 17/20/16, 13/10, 7/39, 9/17, 7.

INA 046 ★★★★★

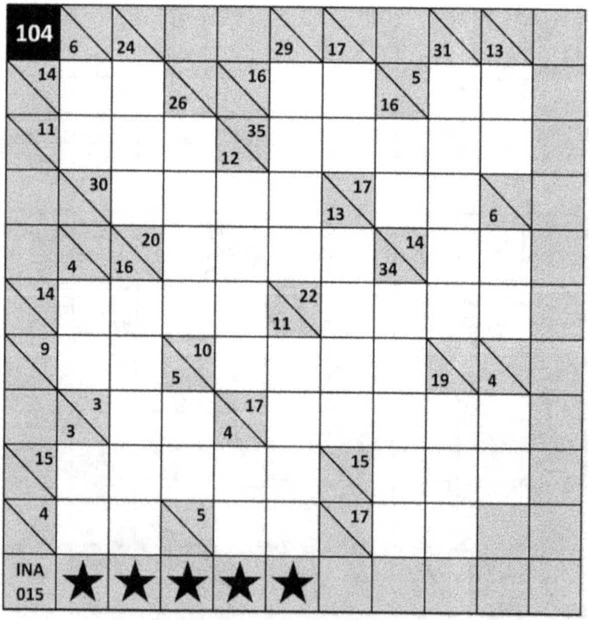

104

Kakuro puzzle grid with clues: top row 6, 24, 29, 17, 31, 13; inner clues include 14, 16, 5/16, 26, 11, 35/12, 30, 17/13, 6, 20/4/16, 14/34, 14, 22/11, 9, 10/5, 19, 4, 3/3, 17/4, 15, 15, 4, 5, 17.

INA 015 ★★★★★

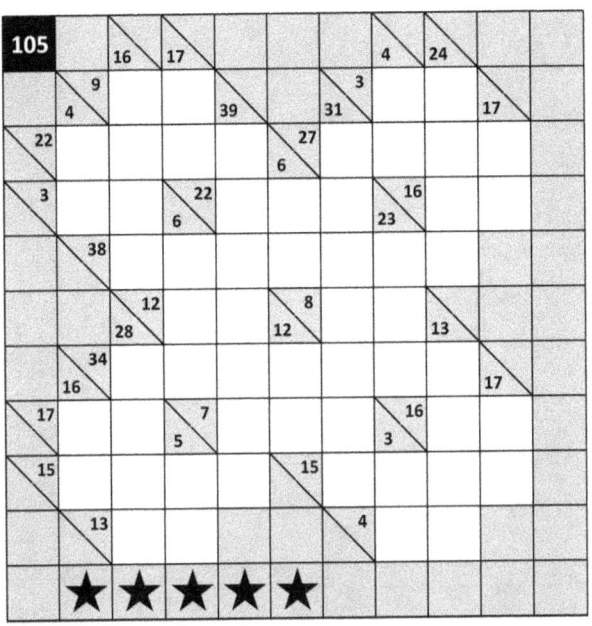

63

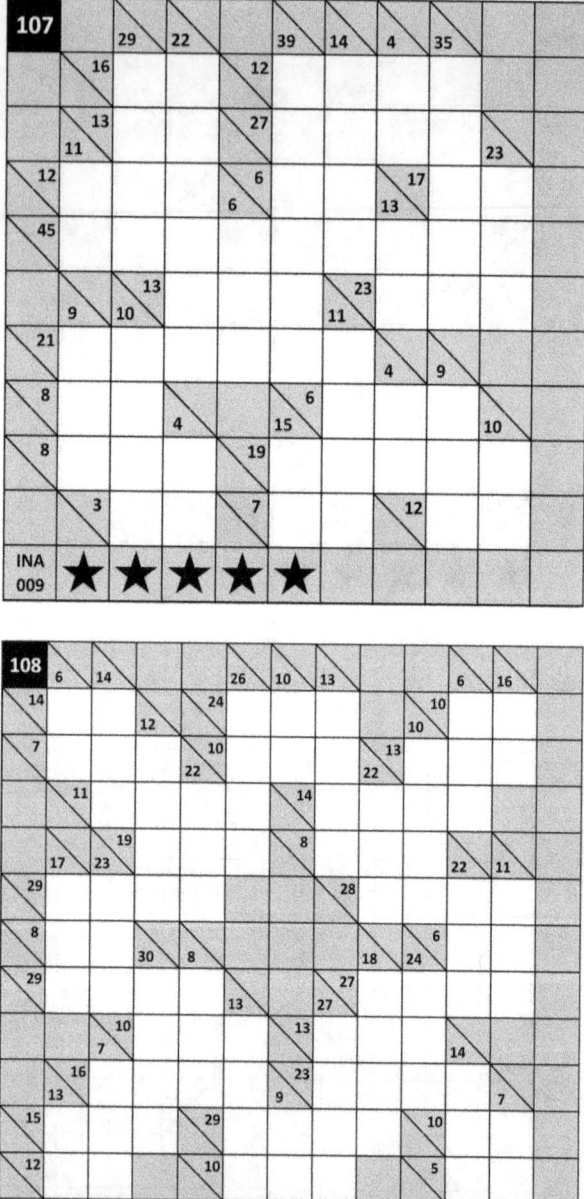

109

Clues (top row, left to right): 5, 33, 31, 12, 30, 14, 11, 26

34						8			
18					22 / 27				
17 / 7			15		9 / 23				
17		33 / 18							
10			17 / 13			12	16		
12		21 / 19							
21 / 7 / 15			14 / 5 / 5						
12			11						
29			27						

INA 051 ★ ★ ★ ★ ★

110

Clues (top row, left to right): 28, 30, 8, 14, 8, 21, 39, 15

13			16						
24			34 / 14						
13		5 / 20			8		6		
35				19 / 21					
15 / 11 / 26			11 / 12						
30					8 / 19				
10		7 / 10 / 15				9	7		
12			14						
29			30						

★ ★ ★ ★ ★

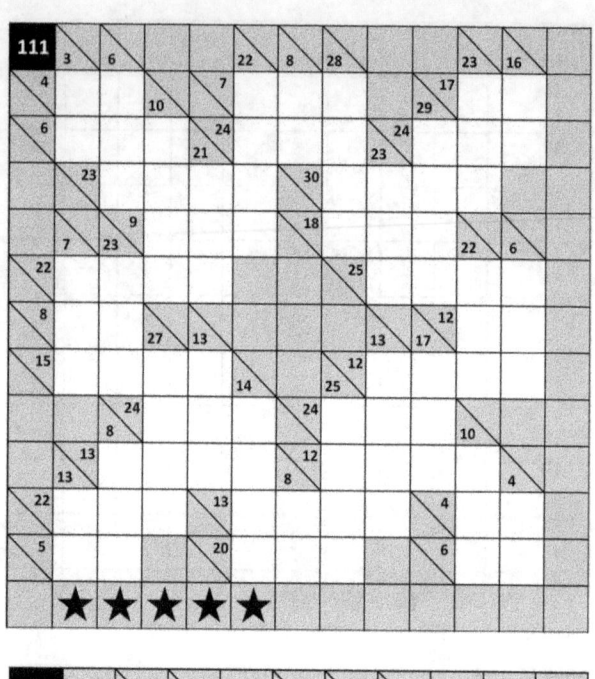

111

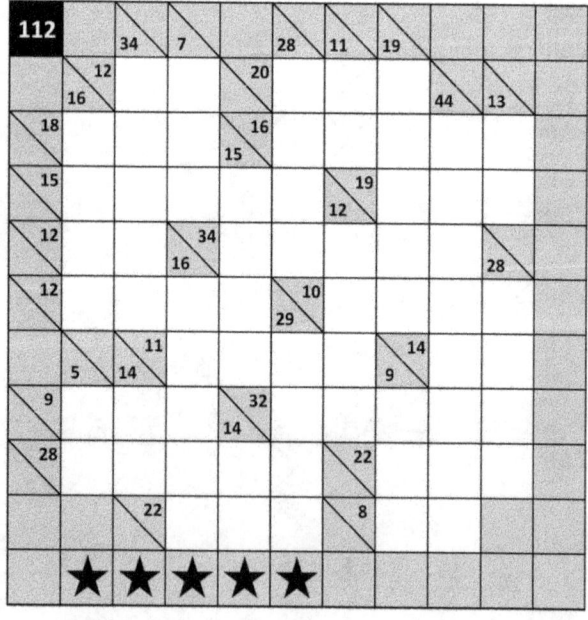

112

66

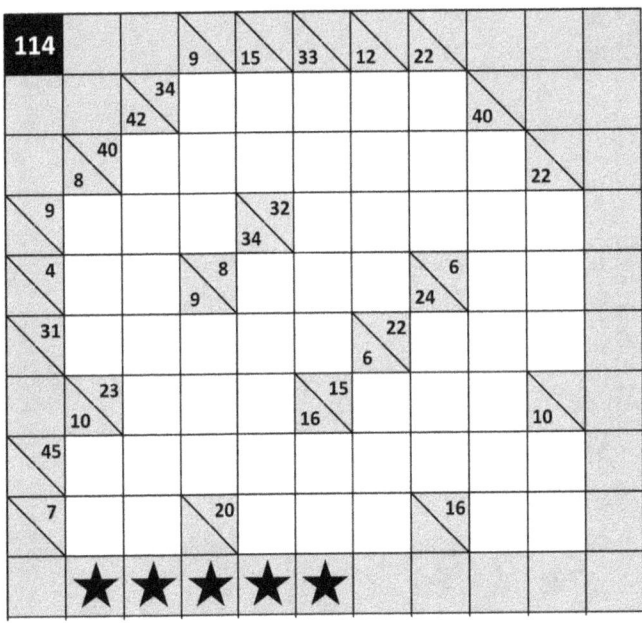

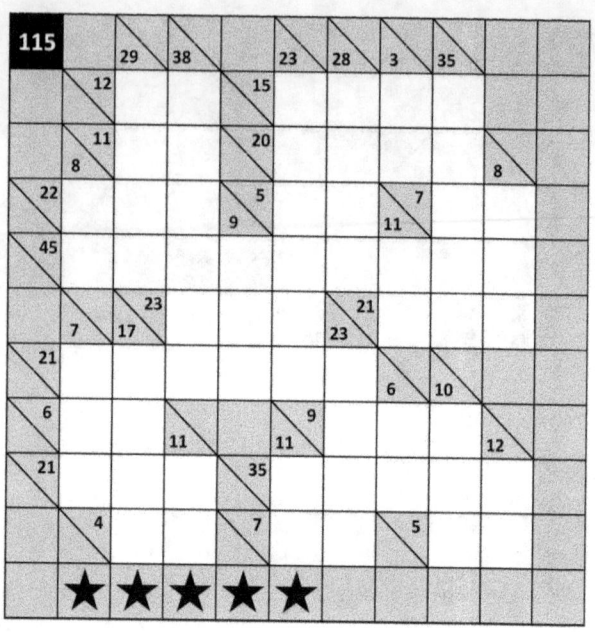

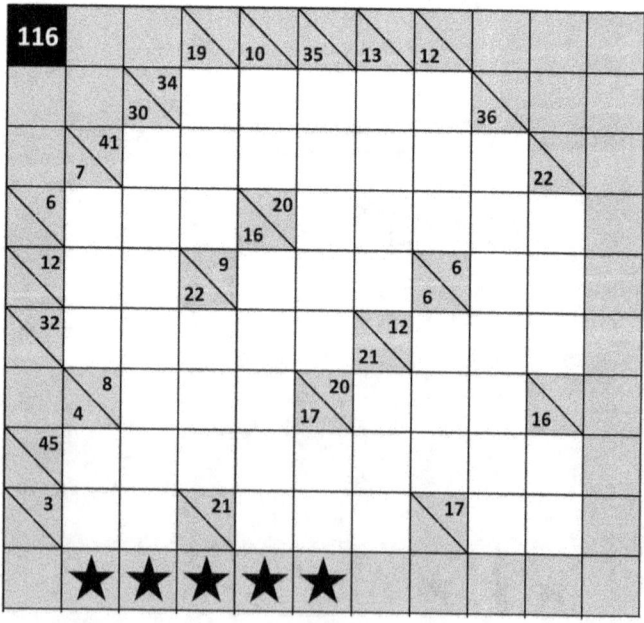

68

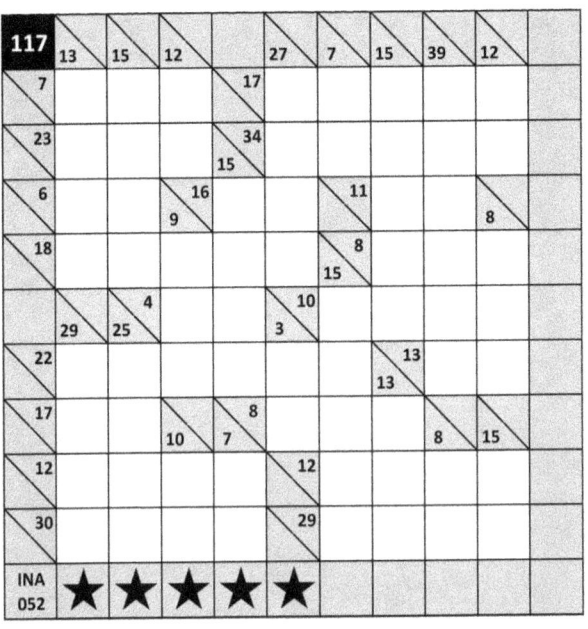

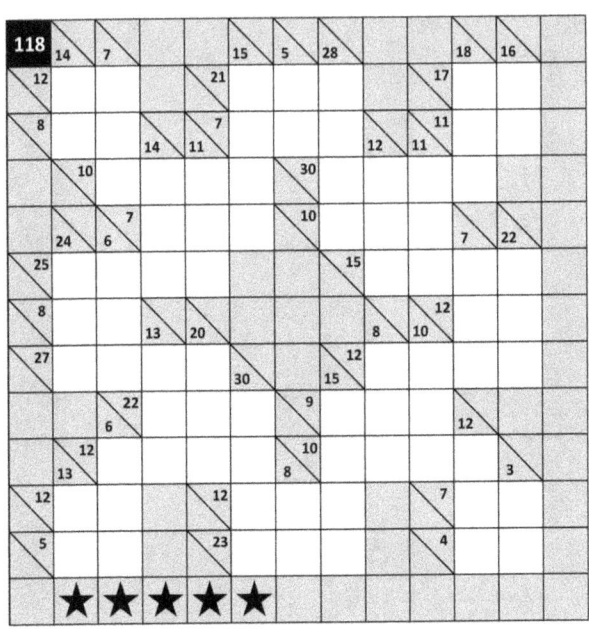

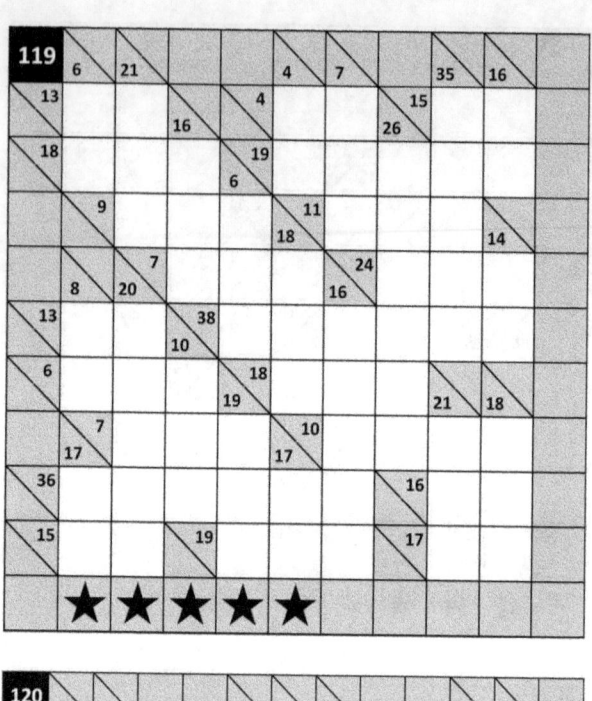

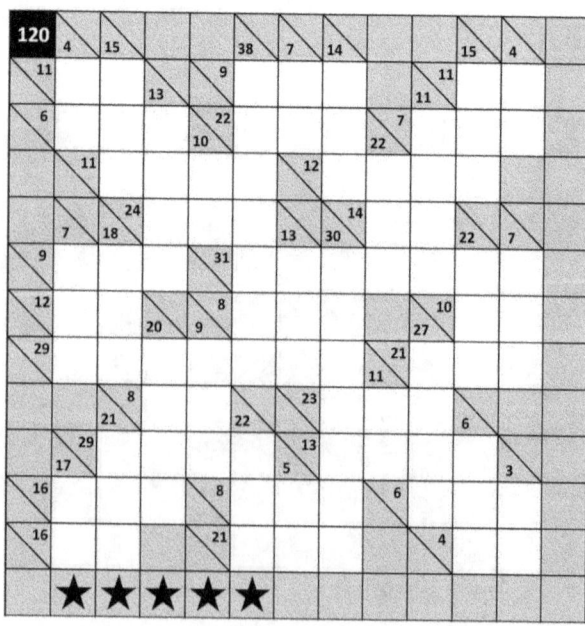

Ratkaisut

Kakuro Puzzles

1

10	27		
4	9	8	
9	3	8	7
3	2	7	1
1	3		
★			

2

26	15		
9	5	13	
5	8	7	9
2	3	1	4
6	2		
★			

3

26	11		
9	5	9	
4	3	1	2
9	8	3	7
6	2		
★			

4

1	4	2		
6	8	4	9	7
		7	3	
4	6	2	3	1
9	8	5		
★				

5

4	1	2		
9	3	5	1	2
		4	9	
4	6	1	2	3
8	9	7		
★				

6

4	8		1	5	
2	7		8	9	3
1	2	9	3		8	9
	8	9	3	1	7
1	8	7		1	2
6	9		7	2	
2	6		9	8	
★					

7

9	6	8		2	8
1	2	4		4	9
	7	9	1	4	
2	9	5	8		
1	6		1	2	3
5	8		3	8	9
★					

8

1	3		8	9		8	3
2	4	8	3	7		6	1
		9	7		8	9	
1	2		4	2	7	5	9
3	4	2	6	1		2	7
		3	1		8	9	
9	5		1	3	7	6	2
4	1		6	9		3	1
★							

9

9	6		2	1	
7	1		1	3	6
6	2	7	3		8	9
		6	4	8	9	7
2	8	5		9	7	
1	6		9	2	
4	9		4	1	
★					

10

1	2			9	7
3	9	8		9	6	2
	7	4	8	6	1
	5	1	7		
1	6		8	2	
1	4	9		3	1	7
4	9			8	9
★					

11

7	9	6		8	4
2	6	1	3		9	2
		3	2	4	7	1
	7	2		3	6
3	9	4	2	1		
2	5		8	7	3	9
1	8		2	1	6
★					

12

1	2		7	9		3	9
3	4	2	1	8		2	7
		1	3		9	7	
1	2		6	7	8	4	9
3	9	8	2	4		1	5
		7	9		1	3	
7	6		7	5	9	6	8
9	8		9	8		7	9
★							

13

1	3		7	9		8	9
2	7		4	9	8		6	1
	9	7	3	8		8	7	
	6	1		3	6	9	7
9	6	8		9	5		5	9
8	4		9	7	2	8	
	3	2	4		7	9	5	8
5	2	1		9	4		3	9
3	1		6	1		1	5
★							

14

1	2		7	3		9	5
3	7		9	5		4	2	1
	6	5		2	1	3	
	2	7	1	3		7	9
9	6	1	3		2	5	1	4
4	1		9	8	7	3	
	7	6	9		2	8	
6	2	1		6	8		9	6
9	4		7	9		4	1
★							

15

2	3			9	7
1	4	2		9	8	3
	1	6	3	4	2
	9	6	8		
9	7		1	8	
9	7	8		7	9	8
6	5			1	6
★					

Puzzle 61 ★★★
Puzzle 62 ★★★
Puzzle 63 ★★★
Puzzle 64 ★★★
Puzzle 65 ★★★
Puzzle 66 ★★★
Puzzle 67 ★★★
Puzzle 68 ★★★
Puzzle 69 ★★★
Puzzle 70 ★★★
Puzzle 71 ★★★
Puzzle 72 ★★★
Puzzle 73 ★★★
Puzzle 74 ★★★
Puzzle 75 ★★★

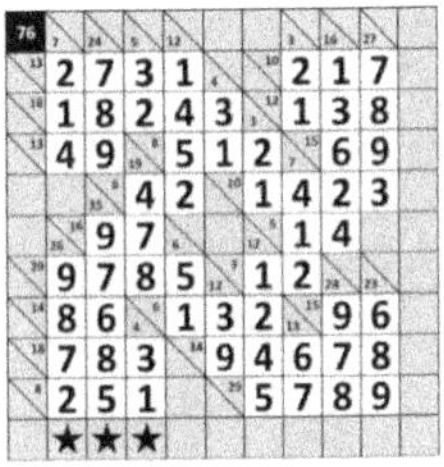
76

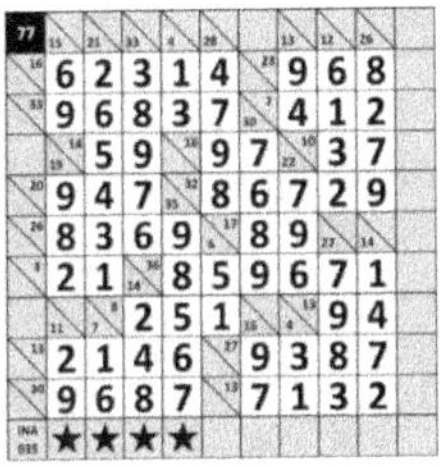
77

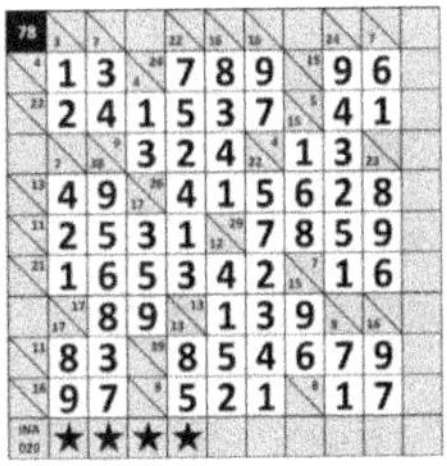
78

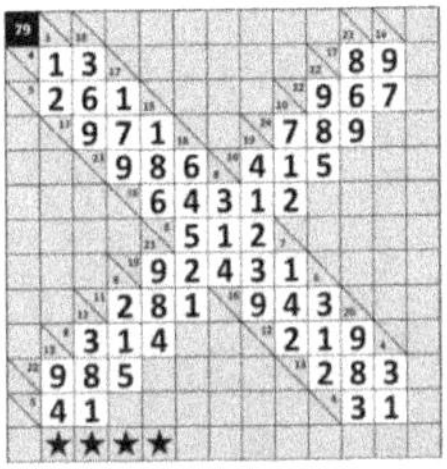
79

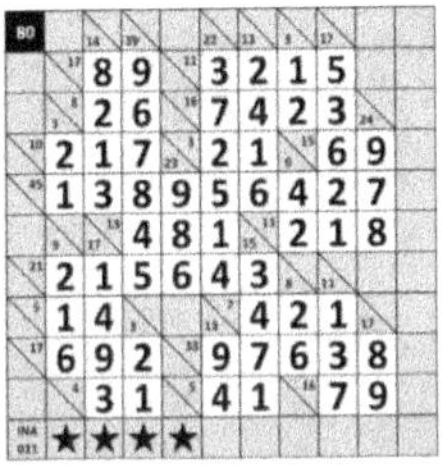
80

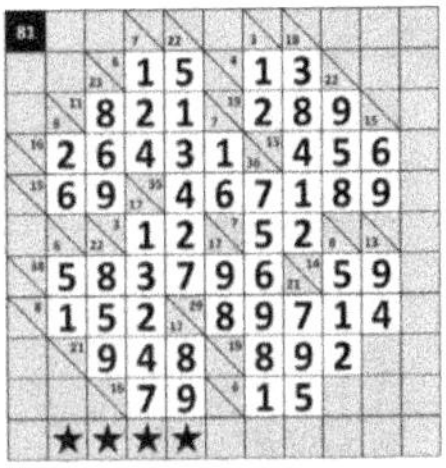
81

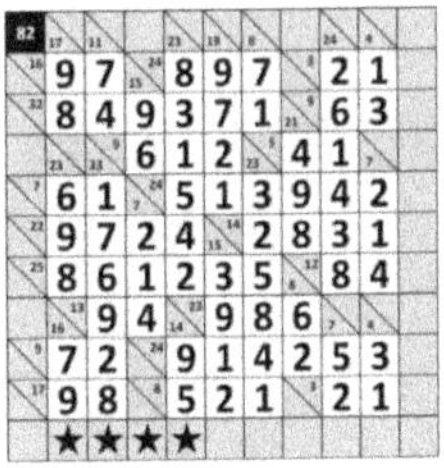
82

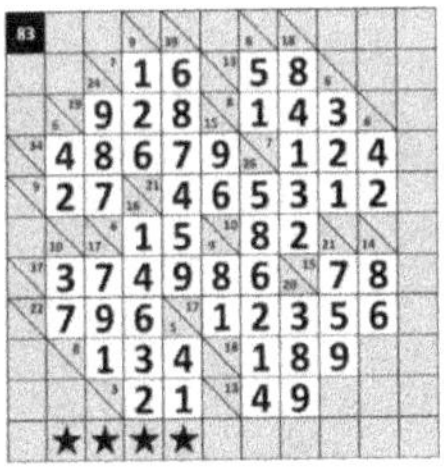
83

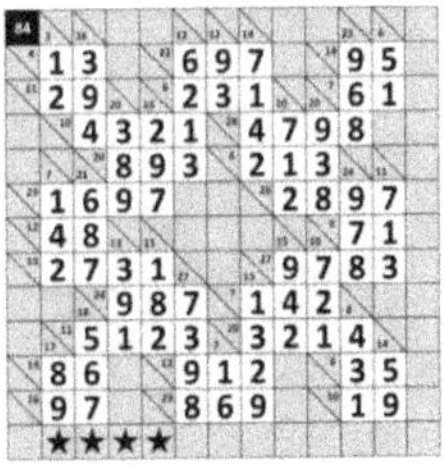
84

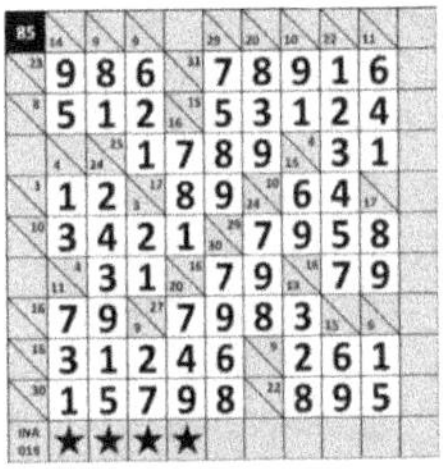
85

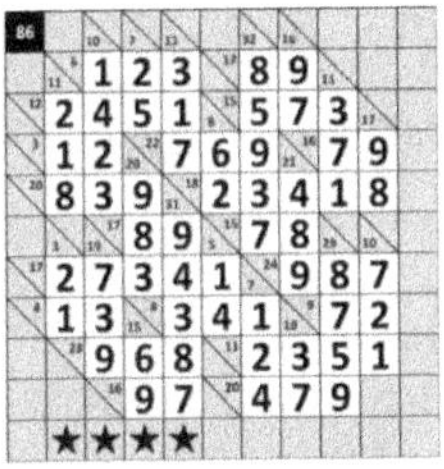
86

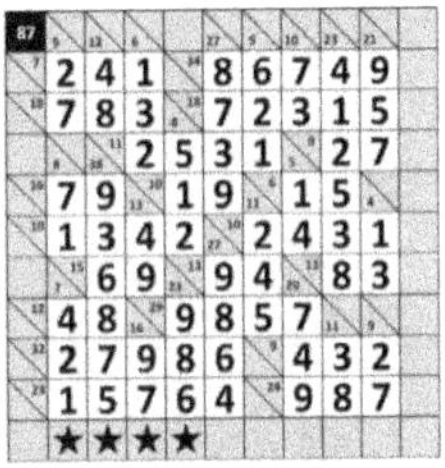
87

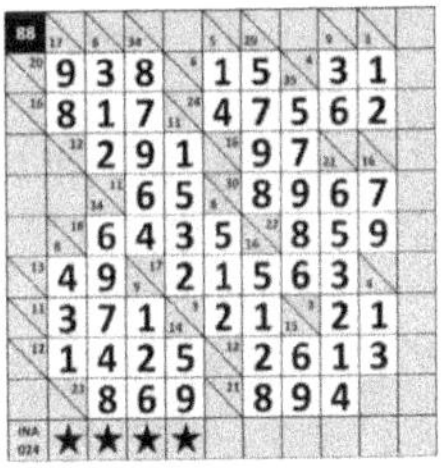
88

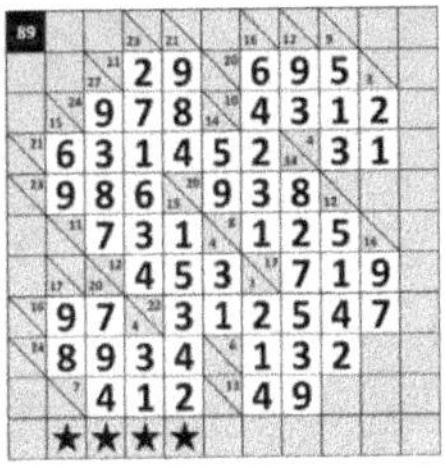
89

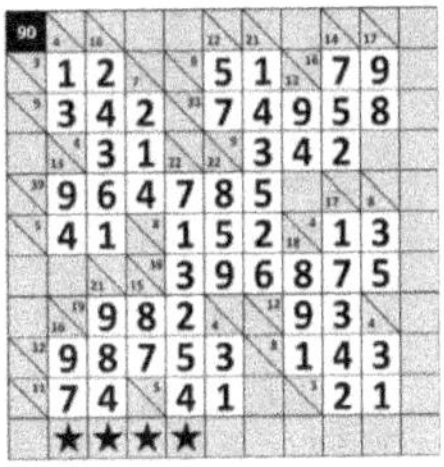
90

Loppusanat

Niin on tämäkin Kakurokirja takakannessa asti Eiköhän näissä ollut riittävää helppoutta. Matkan varrella taito varmasti karttui eivätkä viimeisetkään niin kovin vaikeita olleet, vai mitä? Toivottavasti kaikk ovat ratkaistavissa ja kukin vain yhdellä tavalla Edelliseen kirjaan pääsi pujahtamaan yksi kakuro, jolla oli kaksi erilaista ratkaisua.

Tarkoitukseni on loppuvuodeksi saada valmiiks Kakurokirja 3 – 100 vaikeampaa summaristikkoa. Jos ja kun taito on kahdella Kakurokirjalla kasvanut jo hurjaksi, kolmatta kannattaa odottaa.

Itseltä tai kaverilta puuttuvat kirjat on helppo tilata nettisivujeni kautta ilman postikuluja. Osoitteeni on **www.hepolat.net**. Hyvää matkaa tästä eteenkin päin!

Mauno